本书由国家重点研发计划(2021YFE0200100)、2021 年度江苏省政策引导类计划(BZ2021015)资助。

葡萄牙建筑遗产保护研究

Study on the Preservation of Architectural Heritage in Portugal

陈 曦 黄 梅 著

苏州大学出版社

图书在版编目(CIP)数据

葡萄牙建筑遗产保护研究 = Study on the Preservation of Architectural Heritage in Portugal / 陈曦，黄梅著. -- 苏州：苏州大学出版社，2023.9
ISBN 978-7-5672-4438-2

Ⅰ.①葡… Ⅱ.①陈… ②黄… Ⅲ.①建筑-文化遗产-保护-研究-葡萄牙 Ⅳ.①TU-87

中国国家版本馆 CIP 数据核字(2023)第 172619 号

书　　名：葡萄牙建筑遗产保护研究
Study on the Preservation of Architectural Heritage in Portugal

---

著　　者：陈　曦　黄　梅
责任编辑：汤定军
策划编辑：汤定军
装帧设计：吴　钰

出版发行：苏州大学出版社(Soochow University Press)
社　　址：苏州市十梓街 1 号　**邮编**：215006
印　　装：广东虎彩云印刷有限公司
网　　址：www.sudapress.com
邮　　箱：tangdingjun@suda.edu.cn
邮购热线：0512-67480030
销售热线：0512-67481020

开　　本：700 mm×1 000 mm　1/16　**印张**：9.75　**字数**：164 千
版　　次：2023 年 9 月第 1 版
印　　次：2023 年 9 月第 1 次印刷
书　　号：ISBN 978-7-5672-4438-2
定　　价：52.00 元

凡购本社图书发现印装错误，请与本社联系调换。服务热线：0512-67481020

序　一

文化遗产是不可再生的珍贵资源,既是历史赋予的文化资产,也是未来发展所需的文化资源。2023年国际古迹遗址日的主题为"变化中的遗产",由此可见变化依然是文化遗产面临的重要问题。当下我们面临城市发展、资源开发、环境污染、旅游过度开发等多重社会压力,这使得文化遗产及其历史环境受到严重威胁,如何应对这些挑战,提升文化遗产的代表性(Representativeness)、可及性(Accessibility)、可持续性(Sustainability),是国际社会目前讨论的热点。

在此背景下,国际交流平台与机制的建立格外重要。为了顺应国家发展的战略需求和国际学术的发展趋势,苏州大学联合澳门城市大学、葡萄牙埃武拉大学合作共建的"中国-葡萄牙文化遗产保护科学'一带一路'联合实验室"于2020年获批成立,成为我国文化遗产研究的国家级平台。在各自已有的文化遗产保护跨学科科技创新成果和多年合作的基础上,联合实验室成为促进中葡两国文化遗产保护科学发展的新平台。著作《葡萄牙建筑遗产保护研究》的完成,也有赖于联合实验室所提供的重要且可靠的学术资源。

陈曦老师是我院的副教授、历史建筑与遗产保护研究所所长,师从常青院士,多年从事建筑遗产保护理论研究,关注中外建筑遗产保护的理论与实践、中外建筑文化交流等领域,对欧洲的文化遗产保护有着比较深入的了解。她有针对性地组织研究生赴葡萄牙收集与葡萄牙遗产保护相关的资料。本书比较详细地从理论与实践两个方面介绍了葡萄牙遗产保护的发展历程。

葡萄牙文化遗产保护具有独特的发展路径、完善的保护管理体系和当下新颖的策略方法。葡萄牙在对遗产进行保护过程中对面临的挑战采取的创新策略与手段都值得我们借鉴。葡萄牙文化遗产的影响力已经辐射到了非洲、美洲、亚洲等葡语地区。对葡萄牙文化遗产的研究,使得文明的传播互鉴路径更加清晰,有助于更好地凝炼共识、搭建共建平台。希望葡萄牙建筑遗产保护经验的“他山之石”有助于攻取中国建筑遗产保护的这块璞玉。

苏州大学金螳螂建筑学院院长

中国-葡萄牙文化遗产保护科学“一带一路”联合实验室主任

吴永发教授

序　二

葡萄牙的历史由无数事件组成，它不仅塑造了葡萄牙这个国家，也在全球历史上留下了不可磨灭的印记。在不同的历史阶段，葡萄牙经历过伟大辉煌的时刻，也遇到过严重的挑战，它以各种方式定义了我们今天所了解的国家。据考古分析，葡萄牙丰富的文化遗产可以追溯到古罗马时代之前，这些文化遗产包括岩画、巨石纪念碑和其他遗迹，它们证明了葡萄牙在古罗马时代之前就有了人类文明存在的痕迹。

罗马人的到来开创了一个城市化的新时代。伴随着城市扩张和道路修建，罗马文明融入了当地居民的日常生活。从语言到建筑，这些文化遗产在葡萄牙社会的许多方面都有所体现。

在航海大发现时期，葡萄牙就开始在世界舞台上崭露头角。葡萄牙航海家，如瓦斯科·达·伽马和佩德罗·阿尔瓦雷斯·卡布拉尔，开辟了通往非洲、亚洲和南美洲的海上航路，建立了一个横跨全球的殖民帝国。香料、黄金和其他具有异国情调的商品贸易为葡萄牙带来了财富，并促进了文化融合，为葡萄牙留下了可圈可点的印记。

现代性在塑造当代葡萄牙的过程中也发挥了关键作用。1974 年的康乃馨革命是一个转折点，标志着民主制度的建立。从那时起，葡萄牙经济与社会取得显著进步，并进一步融入欧盟。

研究葡萄牙遗产对于理解这些历史事件和时期发挥着至关重要的作用。这包括认识和保护历史建筑、文化遗产和自然景观，它们是历史的无声见证者。这些纪念碑和文物帮助我们深入了解过去，揭示社会经济行为，并帮助我们了解当时人们的生活方式、价值观以及他们与周围世界的关系。

对葡萄牙遗产的研究也是一种教育途径,可以帮助年轻一代学习葡萄牙的历史和文化知识。通过遗产研究,人们可以回忆过去取得的成就和遇到的挑战,传达一种身份认同感。此外,研究葡萄牙遗产还可以促进文化交流和国际合作,葡萄牙与世界各国(包括中国)保持着深厚的文化联系,对葡萄牙遗产的研究和保护可以加强这些联系,并可以鼓励不同国家和文化进行交流与对话。

葡萄牙采取的保护措施包括对历史建筑的保护和修复,以及对自然区域的保护,这些措施可以在全球范围内分享,可以为其他国家的保护项目提供参考,有助于世界各地自然和文化遗产的保护。

2023年,我们团队受邀前往苏州大学,为苏州大学历史建筑保护工程的本科生做了系列专题讲座,向学生们展示了埃武拉大学和赫拉克勒斯实验室文化遗产保护研究领域的专业知识和技术,提供了文化遗产保护与生物、化学、科学融合发展的新视角。同时,我们团队也考察了苏州市内丰富的建筑遗产,了解到目前中国遗产保护在技术、管理上的困难。作为国家"一带一路"联合实验室研究工作的重要组成部分,此次访问为双方研究生联合培养提供了实践支持。借此机会,我也结识了本书作者之一的陈曦老师,她和历史建筑与遗产保护研究所的同人们给我留下了深刻的印象。撰写一本关于葡萄牙遗产的著作是一项全面而复杂的工作,相信陈曦老师和她的团队具备了相关的研究、组织以及写作能力。

葡萄牙建筑遗产研究对中国读者来说还是一块较为空白的领域,希望在陈曦老师的努力下,这本书可以为学术界和公众提供有价值的信息,促进对葡萄牙遗产的更深入了解。也希望本书的研究可以起到抛砖引玉的作用,未来相关领域的研究会更深入、更有意义。

中国-葡萄牙文化遗产保护科学"一带一路"联合实验室(埃武拉)主任
遗产、艺术、可持续性和领土研究与创新联合实验室主任
欧洲遗产科学研究基础设施-葡萄牙平台主任
埃武拉大学化学与生物化学系教授
安东尼奥·坎代艾斯

目 录

导 论

由于受到多种文化的影响，葡萄牙建筑遗产保护的历程十分复杂，具有不同的历史分期和各自鲜明的特征。建筑遗产是葡萄牙文化的重要部分，同时又起着承载葡萄牙国家身份的作用，因此保护这些遗产一直是该国的优先事项。

本书概述了葡萄牙建筑的发展历史及其对葡萄牙文化身份塑造的重要性，研究了葡萄牙建筑保护运动的发展过程。

1755 年，葡萄牙受到自然灾害的冲击，大量的宗教建筑被毁，国家百废待兴，于是最初的遗产保护意识与实践在其首都里斯本诞生了。19 世纪中期，葡萄牙沿袭了欧洲的保护理念，形成了具有本土特色的遗产保护方式。同时期，葡萄牙开始采取措施来保护本国建筑遗产，几个重要的建筑遗产在当时被宣布为国家纪念物，并于 1894 年 2 月 27 日通过了《葡萄牙国家纪念物》，随后相关法律不断被修订和完善，逐步形成了葡萄牙建筑遗产保护的法律框架。

自 20 世纪 50 年代以来，葡萄牙为保护建筑遗产实施了多种策略和方法。葡萄牙政府成立了一系列致力于保护国家建筑遗产的机构，提出了一系列旨在保护国家建筑遗产的举措，包括编写国家受保护遗产的登记册、进行全国风土建筑普查、制定一套全面的遗产修复和保护准则，确保葡萄牙的建筑遗产得到有效的保护。但葡萄牙的建筑遗产保护目前仍然面临着资源匮乏、经济发展与遗产保护之间如何平衡以及如何鼓励公众参与遗产保护等挑战。

本书最后介绍了如何应对葡萄牙建筑遗产保护过程中受到的挑战及所采取的策略。目前葡萄牙在广泛推行多种创新策略和手段，如“城市复兴”“黄金签证”“重生”等计划。

借由“中国-葡萄牙一带一路”文化遗产保护科学联合实验室访学的机会，作者与葡萄牙埃武拉大学安东尼奥 · 坎德亚斯（António

Candeias)教授、安娜·特雷莎·卡尔代拉(Ana Teresa Caldeira)教授等共同合作,对当地的历史文化遗产进行调研、拍照、测绘,并与当地学者进行访谈交流,获取了大量的一手资料。本书深入分析了葡萄牙在历史长河中对建筑遗产保护和开发利用的经验,希望共同架设文明互学互鉴的桥梁,以期为我国未来建筑遗产保护提供更多的参考。

第1章　葡萄牙建筑遗产概述

1.1　葡萄牙建筑遗产的相关概念

葡萄牙位于欧洲西南部，包括马德拉岛和亚速尔群岛在内领土面积约 9 万平方千米，它面临大西洋，拥有长达 1793 千米的海岸线，所以葡萄牙的城市多位于沿海地区。葡萄牙的历史最早可追溯至公元前 3 世纪，罗马人和摩尔人曾先后统治过这片领域。[①] 12 世纪时阿方索一世成立了葡萄牙王国，并规定了国界为埃斯特雷马杜拉山脉。由于这些得天独厚的地理条件，16 世纪至 17 世纪，葡萄牙成为欧洲最大的海上帝国之一，在亚洲、非洲和美洲建立起了大量的殖民地。19 世纪开始，葡萄牙经历了半岛战争[②]、内部革命[③]、殖民地独立等历史事件，直到 1974 年，康乃馨革命的爆发[④]让葡萄牙政局重新稳定下来。现在的葡萄牙是欧盟的一员，以其独特的文化、历史和风景吸引着来自世界各地的游客。

在漫长的历史进程中，葡萄牙大部分地区饱受战争的摧残，因此修

---

① 公元前 3 世纪时，该地区最初居住着前罗马人和凯尔特人（在罗马人第一次大规模入侵西伊比利亚时，他们主要是卢西塔尼亚人、加拉西亚人、凯尔特人）。5 世纪时，该地区被罗马人统治，随后日耳曼人（最突出的是苏维汇人和西哥特人）、阿兰人、摩尔人最终在葡萄牙建国后被驱逐出境。

② 1807 年秋天，拿破仑率领法国军队穿过西班牙，入侵葡萄牙。从 1807 年到 1811 年，英葡部队在半岛战争中成功抵御了法国对葡萄牙的入侵。

③ 葡萄牙在短短 15 年内有 45 个不同的政府。在第一次世界大战期间（1914—1918），葡萄牙帮助盟国作战，然而战争伤害了国内的经济。葡萄牙第一共和国期间政治上不稳定、经济上混乱，最终导致了君主制的覆灭、1926 年 5 月 28 日的政变以及全国极端政权的建立。

④ 康乃馨革命，也被称为“4 月 25 日革命”。1974 年 4 月 25 日，萨拉查政权在里斯本被推翻，新政府成立并结束了葡萄牙殖民战争。

建了大量的军事建筑和城堡。自 14 世纪开始，葡萄牙就已经致力于维护和保护这些防御系统，以确保国防和民族安全。[①]18 世纪初，随着遗产保护意识的萌芽，葡萄牙开始认识到遗产的珍贵性、不可再生性及独特性，政府也逐渐开始重视对本国建筑遗产的保护，他们通过制定法律、加强文化宣传和教育等多种措施，努力确保这些建筑遗产的完整性和真实性，并走出了一条可持续发展的优化路径，以保护本国的文化资源。

葡萄牙目前已拥有 17 处世界文化遗产，涵盖了历史中心、考古遗址、文化景观、自然公园等。其中建筑遗产包括：格拉-杜希罗伊斯莫市的中心区（Central Zone of the Town of Angra do Heroismo）、托马尔基督修道院（Convent of Christ in Tomar）、埃尔瓦斯的驻军边境城镇及其防御工事（Garrison Border Town of Elvas and Its Fortifications）、埃武拉历史中心（Historic Centre of Évora）、吉马良斯历史中心（Historic Centre of Guimarães）、波尔图历史中心、路易斯一世桥和皮拉尔修道院（Historic Centre of Oporto, Luiz I Bridge and Monastery of Serra do Pilar）、阿尔科巴萨修道院（Monastery of Alcobaça）、巴塔利亚修道院（Monastery of Batalha）、科英布拉-阿尔塔和索菲亚大学（University of Coimbra-Alta and Sofia）、马夫拉皇家建筑（Royal Building of Mafra）、圣母玛利亚 · 杜蒙特圣殿（Sanctuary of Bom Jesus, Braga）。这些建筑遗产的保护极大地促进了葡萄牙的经济。[①]

本书从时间和空间的维度系统性地回顾葡萄牙建筑遗产的保护历程，重点解析葡萄牙对本国建筑遗产保护理念的演变及其历史背景，并探讨这些变化背后的原因及影响。

在展开具体论述之前我们还需要了解与葡萄牙建筑遗产相关的概念。

（1）建成或不可移动的遗产（Património Construído ou Imóve）。该种遗产主要是指保存在葡萄牙境内的具有历史、文化、艺术和科学价值的遗产，这类遗产不仅包括纪念物、建筑群和考古遗址，还包括城市和农村环境中的建筑和构筑物。

（2）建筑遗产（Património Arquitectónico）。该种遗产指具有相关

---

① Latin American and Iberian Entrepreneurship, Contributions to Management Science, https://doi.org/10.1007/978-3-030-97699-6_7

历史、考古、社会、艺术、科学或技术价值的不可移动的遗产，这类遗产不仅包括具有纪念性、象征性或重要性的建筑，还包括构成这些纪念物、建筑群和遗址的组成部分的可移动物品和装饰物。在某些情况下，建筑遗产还包括人和场所长时间互动所形成的互相关联的环境因素。

（3）不可移动遗产（Bemimóvel）。该种遗产指的是与解释、保护和建立民族特性有关的、不可移动的遗产。它包括农村和城市建筑、永久固定在土地中的建筑物或花园、广场、道路，以及适用于地上存在的废墟和地下发掘的考古或历史遗迹。[1] 因此，它的概念与"建筑遗产"有重合，但又更加宽泛。

不可移动遗产可以被划分为国家利益遗产（Interesse Nacional）、公共利益遗产（Interesse Público）和市政利益遗产（Interesse Municipal），相当于我国的"国保""省保""市保"这三级保护分类。

国家利益遗产：见证或记录了国家在历史上的重要事件，是对国家发展而言具有重要意义的文化遗产。

公共利益遗产：该类遗产是指对于国家具有重要文化价值，但不适于列入国家保护制度中，因而被列入代表公共利益的文化遗产。

市政利益遗产：该类遗产是指对于特定城市而言具有特殊文化价值的遗产。

（4）纪念物（Monumento）。它是为纪念某个历史时刻、事件、英雄人物或文化成就而建造的纪念性建筑物、构筑物或者雕像，它可以是标志性标识、大型雕塑，也可以是一个纪念公园、纪念广场、历史古迹等。[2] 其中国家纪念物的称号是赋予被列为国家利益遗产的不可移动遗产。

葡萄牙对文化遗产的法律保护是建立在分类和登录基础上的，因此也诞生了与建筑遗产法律保护相关的重要名词。

（1）分类（Classiicação）。这是葡萄牙国内遗产保护政策的基本措施，主要是针对建筑、艺术或景观性质的遗产，这些遗产具有艺术、人类学、历史、象征、社会或其他内在价值。为了保护这些内在价值，相关部门制定了具体的保存和保护政策，并对其使用和干预的形式进行了限制。

---

① https://www.patrimoniocultural.gov.pt/en/patrimonio/patrimonio-imovel/patrimonio-arquitetonico/。随着 10 月 23 日第 309/2009 号法令的颁布，不可移动遗产的定义被划分为纪念物、建筑群或遗址一类，葡萄牙立法不再对这些概念有具体的定义。

② https://www.patrimoniocultural.gov.pt/en/museus-e-monumentos/

（2）登录（Inventariação）。这是一个国家和地区对其文化资源（有形的和无形的）进行评估的工具，它包括对这些文化资源的调查、识别、记录和归档。其范围不仅包括公共遗产，还包括自然或集体（私人）所拥有的遗产。

与葡萄牙建筑遗产干预相关的重要名词有：

（1）建筑物的维护（Manutenção de um Edifício）。这是一系列旨在最大限度地延缓建筑物劣化的干预措施，这些措施是针对其建筑的一些部位和构件以及其装置和设备而制定的，通常具有较强的计划性和周期性。

（2）修复（Restauração）。这是通过特殊技术或材料，重建或恢复建筑遗产中的建筑、构件或装饰的过程。修复的目的是将建筑遗产恢复到它某一时期的状态，同时保护其原始建筑结构，以反映其历史和文化的价值。

（3）重新整合（Reintegração）。在尊重历史信息的基础上，拆除多余干预信息，运用现代技术客观地将在考古或干预过程中发现的历史碎片或被遗忘的元素重新进行定位，并将其整合到被修复建筑上，在此过程中还要强调不同时代材料间的可识别性和干预的可观察性。它是在选择修复对象的基础上对建筑进行必要的加固和修补，同时还保留各个阶段修复的痕迹，在创造性和科学性之间寻求平衡。

（4）恢复原状（Restituição）。将作品恢复到最初的状态，与该作品作者原始构思或作品完工时的状态相符合，以展现历史遗迹的最初面貌。

（5）重建（Reconstituição）。这是指在原有的基础上通过添加新元素的方式来构建缺失的部分，如通过类似原始元素的新元素来替代缺失的原始元素。

1.2 研究对象及时空界定

本书主要研究对象为葡萄牙的建筑遗产，着重阐述葡萄牙建筑遗产保护在不同时期的理念和干预特点，并从时间上对研究对象进行进一步界定。研究时间跨度为1755年至今，始于里斯本大地震的发生，截至葡萄牙当代城市更新政策的实施。本书将葡萄牙的建筑遗产保护时间划分为四个时期:1755 年里斯本大地震到 1834 年内部政权改革结束的“启蒙时期”;1835 年至 1929 年间在欧洲其他国家的保护思想影响下葡萄牙遗产保护意识逐渐崛起的“发展时期”;1929 年之后葡萄牙遗产保护体系逐步完善和规范化呈现出国际化趋势的“国际化时期”;2010 年至今葡萄牙推行有关遗产保护措施的“当代时期”。

基于以上时间划分,本书重点研究葡萄牙保护史发展进程中的重点人物、思想及事件。人物包括亚历山大·赫库拉诺(Alexandre Herculano)、波西迪尼奥·达·席尔瓦(Posser de Andrade Silva)、费尔南多·塔沃拉(Fernando Tavola)、劳尔·利诺(Raul Lino)等。思想包括欧洲对葡萄牙的影响、葡萄牙本土遗产保护理念、葡萄牙相应的遗产保护法律法规以及相关的国际文件和重要的政策措施等。保护与修复案例包括葡萄牙部分知名度较高的建筑遗产,包括埃武拉历史中心、吉马良斯历史中心、波尔图历史中心、热罗尼姆斯修道院等。本书通过对这些重要的人物、思想和建筑遗产进行深入研究和探讨,展示葡萄牙遗产保护的发展历程和现状。

在研究框架部分,本书首先浅析了 18 世纪以前的葡萄牙建筑发展历程及其关键影响因素,为后续章节对葡萄牙建筑遗产保护发展的论述提供研究语境。本书第 2 章以“里斯本大地震”为起点,揭示了葡萄牙遗产保护意识的诞生,以及在教堂、修道院等遗产的使用价值和精神价值论战的背景下,建筑遗产最终被大众认可的过程。在此背景下,第 3 章和第 4 章描述了葡萄牙建筑遗产保护理念在本土化发展的全过程。第 3 章聚焦于国际遗产保护理念对葡萄牙的影响,介绍英国、意大利、法国等国家的遗产保护理念如何被引入葡萄牙并本土化,形成了独特的保护理念。随着葡萄牙遗产保护体系的成熟,人们的注意力再次回到国际舞台。第 4 章则以葡萄牙遗产保护体系的建立与国际化进程为线索,介绍葡萄牙遗产保护的飞速发展。它在吸收欧洲先进理念后调整国内机构,培养出现代建筑学者,并将理念传播到国际上,积极加入世界遗产保护组织,参与国际会议,以扩大自身影响力。在前四章讨论的基础上,本书最后部分将重点聚焦于葡萄牙当代的建筑遗产保护与更新策略,探讨葡萄牙当代的遗产保护管理与实践,从而深入剖析葡萄牙目前进行的项目所体现出来的特征,并结合我国在建筑遗产保护方面的实践,探讨可以借鉴的创新做法。

1.3 国内外研究综述

本书旨在研究葡萄牙建筑遗产保护历程,对比和分析不同时期的保护思想与实践,展现其背后的文化动因。因此,本书的国内外研究动态主要从以下几个方面展开:葡萄牙建筑历史分期及特征研究、葡萄牙建筑遗产理论与实践研究、葡萄牙建筑遗产政策研究。

1.3.1 葡萄牙建筑历史分期及特征研究

葡萄牙建筑历史可以追溯到公元前2000年左右,当时卢萨坎的墓穴和墙壁装饰表明已经存在早期葡萄牙建筑形式,在随后的几个世纪里,葡萄牙的建筑风格受到了摩尔人、罗马人和哥特人的影响。

在14世纪,随着国家独立运动的兴起,葡萄牙开始发展属于自己的建筑风格。16世纪和17世纪是葡萄牙建筑历史上的繁荣时期,这一时期的建筑风格通常被称为"巴洛克式",其代表建筑有马夫拉塔宫(Palácio de Mafra)、圣罗克·依纳爵教堂(Igreja de São Roque)等。18世纪,法国的新古典主义风格流行,葡萄牙的建筑风格开始向古典主义方向转变,这一时期比较著名的建筑是位于里斯本的国家古代艺术博物馆(Museu Nacional de Arte Antiga)。19世纪,葡萄牙受到哥特式建筑的启发,开始对本国的部分著名建筑实施"曼努埃尔式"修复,其中包括贝伦塔(Torre de Belém)和里斯本大教堂(Sé de Lisboa)。20世纪,葡萄牙现代主义建筑迅速发展,葡萄牙现代主义建筑师阿尔瓦罗·西扎·维埃拉(Álvaro Siza Vieira)和爱德华多·若斯·阿马戈(Eduardo Souto de Moura)在该领域的发展方面做出了突出的贡献。其中若泽·曼努埃尔·费尔南德斯(José Manuel Fernández)在《葡萄牙建筑》一书中就对葡萄牙建筑的发展进行了详细的描述。豪尔赫·加斯帕(Jorge Gaspar)在其《中世纪的葡萄牙城市:物质结构和功能发展的各个方面》一文中也对中世纪葡萄牙城市的发展和建筑演变进行了说明。而在研究葡萄牙建筑发展方面,新里斯本大学历史研究中心(O Centro de Estudos Historicos, Universidade Nova de Lisboa)、里斯本大学地理研究中心(O Centro de Estudos Geograficos, Universidade de Lisboa)等机构也为葡萄牙建筑研究提供了重要的平台和支持,其中桑杰伊·苏拉马尼亚姆(Sanjay Subrahmanyam)的《葡萄牙帝国在亚洲 1500—1700》、贝坦古(Francisco Bethencourt)的《葡萄牙海洋扩张 1400—1800》等研究成果备受关注。[①]

此外,葡萄牙建筑风格的形成还深受国家认同意识和包容性特点的影响。爱德华多·洛伦佐(Eduardo Lourenco)[②]在《欧洲和我们,或两者的原因》中强调,葡萄牙人对于自我身份和国家的认同感达到了高度执着,这对于建筑文化演变有着至关重要的影响。曼努埃尔·里奥·卡尔瓦略(Manuel Pedro do Rio Carvalho)在其《对新艺术的理解初探》一文中也强调了葡萄牙建筑的包容性特点,葡萄牙人试图让不同外来潮流能够融入他们已知且受到控制的框架中,既保守又想革新。[③] 这一观点也正好印证了若泽·奥古斯托·弗朗斯(José Augusto France)[④]和若泽·达·席尔瓦·佩斯(José da Silva Pais)的看法,弗朗斯在《庞巴尔的里斯本与启蒙主义》中指出,葡萄牙建筑的传统主义一直是其建筑根本特点,而佩斯则一直强调葡萄牙人具有极强的改造适应能力,他们可以将外部引入的风格进行本土化改造,形成属于自己的风格。因此,可以说葡萄牙建筑风格的形成是深受国家认同意识和包容性特点的影响。

总的来说,葡萄牙建筑风格历史悠久,融合了国外传入模式和本土加工的特点,而上述相关研究成果阐述了葡萄牙建筑独特风格的形成原因,有助于提高我国对葡萄牙建筑的认知。

1.3.2　葡萄牙建筑遗产理论与实践研究

葡萄牙拥有数量众多的建筑遗产,因此该国的建筑遗产理论与实践研究成果十分丰硕。19 世纪 30 年代末期至 20 世纪中叶,葡萄牙的建筑遗产理论研究逐渐发展起来,其中卢西娅·罗萨斯(Lúcia Rosas)、露西莉亚·韦尔德尔奥·达·科斯塔(Lucília Verdelho da Costa)、玛利亚·若昂·内图(Maria João Neto)、雷吉娜·阿纳克雷托(Regina Anacleto)等历史学家为葡萄牙建筑遗产的理论研究奠定了基础。在这一时期,葡萄牙的建筑也吸引了其他国家学者的关注,如建筑师詹姆斯·

---

① Francisco Bethencourt. *The Ingquisition: A Global History, 1478 - 1834*, Cambridge: Cambridge University Press, 1995, pp77 - 80, pp160 - 462, pp241 - 244, pp340 - 342.

② 葡萄牙散文家、教授、评论家、哲学家和作家。

③ 《对新艺术的理解初探》,载于《交谈》杂志,1966 年第 41 期。

④ 葡萄牙历史学家、社会学家和艺术评论家。

墨菲(James Murphy)①,他曾对巴塔利亚修道院进行过调查,其中一些研究报告对当时的修复工作产生了影响。

在里斯本大地震 250 周年纪念会议上,西蒙斯·罗德里格斯(Simões Rodrigues)通过分析埃武拉和里斯本两市的一些国家纪念物,提出了关于地震和葡萄牙遗产意识起源的问题。此外,他还提到了 1721 年的《若昂五世国王宪章》和在葡萄牙皇家历史学院进行的遗产研究。1993 年,米格尔·索罗梅尼奥(Miguel Soromenho)和努诺·瓦萨洛·埃·席尔瓦(Nuno Vassalo e Silva)在《赋予过去以未来》一书中也做了类似的研究,题目为“保护遗产:历史背景——从中世纪到 18 世纪”。

除了上述针对葡萄牙建筑遗产保护理论研究之外,葡萄牙还有一些关于建筑遗产保护的研究项目。例如,曼努埃尔·门德斯(Manuel Mendes)研究了葡萄牙历史城市的建筑遗产保护方案,探讨了如何在保护建筑遗产的同时发展当地社会经济。而利马·玛达莱纳·达科斯塔(Lima Madalena da Costa)则在葡萄牙米尔谢尔斯城堡的改造项目中探讨了如何在保护遗产的同时实现建筑遗产的可持续发展。其中来自阿威罗(Aveiro)大学的路易斯·拉莫斯(Luís Ramos)在《历史文化遗产的监测和预防性保护:遗产保护项目》中介绍了葡萄牙最近的“遗产保护”案例:关于“历史和文化遗产的监测和预防性保护”的项目,这个项目通过创建一个非营利实体,提高业主对预防性保护重要性的认识,随后在葡萄牙、西班牙、法国南部等地推广。而波尔图杜波尔图大学阿奎特建筑与城市中心的特里萨·库尼亚·费雷拉(Teresa Cunha Ferreira)教授在《预防和维护概念和应用、案例研究:葡萄牙北部的罗马风线路遗产》中介绍了关于葡萄牙北部的罗马风线路遗产的保护。自 2003 年以来,葡萄牙在保护建筑遗产方面采取了良好的干预措施,修复了相当数量的建筑物。

综上所述,葡萄牙建筑遗产理论与实践研究对于深入了解葡萄牙建筑遗产的历史价值、保护方式和可持续发展等方面具有重要的意义。

1.3.3 葡萄牙建筑遗产政策研究

葡萄牙作为《威尼斯宪章》签署国之一,其建筑遗产保护工作近些

① 墨菲对葡萄牙埃斯特雷马杜拉省巴塔利亚教堂的平面立面和景观进行绘制,报告正文是关于哥特式建筑原则的介绍性论述。

年来获得了国际社会的广泛认可,多个历史城市和建筑群被联合国教科文组织列入世界遗产名录。因此,本书将探究葡萄牙近些年来在建筑遗产保护方面采取的相关政策和措施。

自 20 世纪 80 年代以来,越来越多的国家开始关注文化遗产的保护与可持续发展。2000 年,若昂·曼努埃尔·马查多·费朗(João Manuel Machado Ferrão)在《农村和城市世界的关系:历史演变、现状和未来前景》中提出将遗产保护作为新一代发展战略和政策的结构性元素,呼吁各国政府加强对遗产的保护,而葡萄牙在这方面的表现尤为突出。其中来自阿尔加维大学(University of Algarve)的海伦娜·伊莎贝尔·塞拉菲姆·格雷戈里奥(Helena Isabel Serafim Gregoio)在其硕士论文《民主葡萄牙的文化遗产保护政策》中以阿尔加维地区为例,研究了 19 世纪至今葡萄牙文化遗产保护政策的演变过程,其中包括遗产立法的创建和管理机构的起源。而科英布拉大学地理与空间规划研究中心(CEGOT)的维托·丹尼尔·皮雷斯·费雷拉教授(Vítor Daniel Pires Ferreira)的《葡萄牙的文化遗产公共政策:从起源到成熟——对三个计划和 19 年干预措施的分析》中,在追溯葡萄牙有关文化遗产的公共文化政策演变的同时,也介绍了该政策与其他公共政策的相互联系。除此之外,葡萄牙的建筑遗产保护政策也给当地带来了重大影响。沙尔巴努·古利塔巴(Shahrbanoo Gholitabar)等人曾在《建筑遗产管理对旅游业影响的实证研究:以葡萄牙为例》一文中调查了葡萄牙的建筑遗产在旅游发展方面的潜力和保护的价值,同时审查了公共部门的政策和制订保护这些资源的计划,还介绍了政府在保护这些资源所制定的政策对旅游经济带来的影响。除了上述学术研究之外,为了更好地保护本国文化遗产,葡萄牙政府还设立了文化遗产总局(DGPC)[①]和葡萄牙建筑和考古遗产研究所(IPPAR)[②]两个官方网站。在文化遗产总局网站上,人们可以查看葡萄牙大部分的遗产保护动态和相关政策;而葡萄牙建筑和考古遗产研究所则主要提供有关葡萄牙国内具体的建筑遗产保护项目的信息和说明。这些网站可以帮助人们更全面地了解葡萄牙的遗产保护政策和措施。

综上所述,葡萄牙在借鉴国内外同行经验和实践的基础上不断总

---

① https://www.patrimoniocultural.gov.pt/en/

② https://web.archive.org/web/20060615130358/http://www.ippar.pt/pls/dippar/ippar_home

结完善，使得其建筑遗产保护技术得到发展，价值得到充分挖掘，同时也保证了建筑遗产在文化价值传承和可持续发展方面的实现。

1.4 研究意义

当今世界的多样性和文化交流已成为一个越来越重要的话题。通过探讨葡萄牙在建筑遗产保护方面的经验，我们可以更好地了解如何平衡文化遗产保护和经济发展的关系。同时，葡萄牙在建筑遗产保护和利用方面的成功经验为我们寻找新的解决方案提供了重要启示。

葡萄牙是我国"一带一路"倡议的"海上丝绸之路"上的重要国家，研究其建筑遗产保护历程对于"一带一路"倡议具有重要意义。一方面，葡萄牙在其曾经的殖民地留下了丰富的文化遗产，这些遗产不仅影响了当地社会和文化的发展历程，也是人类历史和文明多样性的重要组成部分。另一方面，在葡萄牙倡导下所建立的葡语国家共同体在国际上具有广泛的影响力，因此在全球化和经济一体化的时代背景下，相关研究能够为我国推进"一带一路"倡议的国际合作提供宝贵的经验。在未来的合作中，中葡两国可以在历史和文化遗产保护、可持续城市发展等领域深入合作，在推动"一带一路"倡议的过程中共同受益。

本书所探讨的"葡萄牙建筑遗产保护历程"是跨文化视野之下对该问题的初探。自"一带一路"倡议提出以来，中国加大了对于中国澳门等东南沿海城市的考察力度，积极推进海外合作发展。我国 2021 年召开发布的《中华人民共和国国民经济和社会发展第十四个五年规划和 2035 年远景目标纲要》（简称"十四五"规划）第十二篇提出：实行高水平对外开放、开拓合作共赢新局面，推动共建"一带一路"高质量发展的新方针，要共同架设文明互学互鉴的桥梁。因此，深入分析葡萄牙在历史长河中对建筑遗产的保护和开发利用的经验，将有助于我们学习其建筑遗产保护的理论和实践经验。

第 2 章 葡萄牙建筑遗产保护意识的诞生

公元 5 世纪到 14 世纪末，葡萄牙人一直在保护、修缮和建造新的防御系统。15 世纪时，他们开始关注那些古老且具有象征意义的建筑，但当时关注的重点是军事建筑，如戍边的埃尔瓦斯及其防御工事①。1721 年 8 月 20 日，若昂五世（Don João V）②颁布了第一部有关艺术品保护和修复的法律——《若昂五世国王宪章》，并成立了皇家历史学院（Academia Real de História）③来审查和保护艺术品。然而，当时的国王并不一定尊重历史建筑，因此宪章的内容并未涵盖建筑物。直到 1755 年里斯本大地震的爆发（图 1），整个城市化为废墟，人们才意识到保护地标建筑的必要性，进而开始重视建筑的保护工作。

图 1 葡萄牙里斯本在 1755 年地震发生前的样子

---

① 埃尔瓦斯市的城堡可以追溯到国王桑乔二世的统治时期，矗立在原有的穆斯林建筑结构之上。该城市在 1220 年归为葡萄牙所有，1226 年该城堡开始了重建工程，并于 1228 年完成。在随后的几个世纪中，国王约翰二世和曼努埃尔一世使城堡变成了文艺复兴风格，而整个建筑群则在城市主教的监督下呈现出更多的民用住宅特征。

② 若昂五世（1689—1750），布拉干萨王朝的葡萄牙王国国王，1706 年至 1750 年在位。

③ 皇家历史学院于 1720 年 12 月 8 日通过法令在里斯本成立。

1755年11月1日上午,里斯本发生了7.7级地震。短短8分钟内,城市受到灾难性的破坏,数以万计的居民被倒塌房屋的瓦砾所掩埋,地震引起的海啸和火灾也侵袭了葡萄牙整个沿海地区,里斯本被大火燃烧了5天,2/3的城市被夷为平地。这场地震最终夺走了当时约10万人(整个城市约27万人)的生命,超过85%的建筑物被毁,包括一些著名景点、教堂以及皇家建筑。其中最先被毁的是位于帕索德里贝拉(Passadiços do Paiva)的皇宫和皇家图书馆,而里斯本几个重要的建筑如康西卡奥圣母教堂(Church of Nossa Senhora da Conceição)、圣维森特德佛拉修道院(Monastery of São Vicente de Fora)、里斯本主教堂(Lisbon Cathedral)、卡尔莫修道院(Carmo Convent)等也在地震中坍塌或因火灾被毁(图2)。现今,里斯本的卡尔莫修道院遗址还保留着当时烧毁后的遗迹,以纪念这场历史性的大灾难。

图2　1755年里斯本地震后的凤凰歌剧院(左)和在地震中被毁的卡尔莫修道院遗址(右)

大地震给里斯本造成了惨重的损失(图3),但幸运的是,王室成员幸免于难。国王若泽一世和首相庞巴尔侯爵迅速提出了重建里斯本的计划,并委托大批建筑师和工程师完成重建任务。这次灾难迫使葡萄牙重新思考城市和建筑建造的方式,王室利用这次机会重新规划了城市,包括兴建新的市中心、广场和整齐的道路等。不到一年的时间,里斯本就恢复了它的风采。

图 3　地震后的里斯本市中心

2.1　大地震后的建筑遗产保护

2.1.1　里斯本的重建

在葡萄牙的历史上，庞巴尔侯爵扮演了重要角色，他对葡萄牙政治和社会的发展产生了深远的影响。庞巴尔原名塞巴斯蒂昂·若泽·德·卡瓦略·梅洛(Sebastião José de Carvalho Melo)[1]，他掌握了葡萄牙 1750 年至 1777 年间近 30 年的政权，在 1755 年的里斯本大地震后的城市重建方面他也发挥了重要作用。尽管庞巴尔本人并非出身贵族，直到 1770 年他才获得庞巴尔侯爵这个称号，但他因为这个称号广为人知。

1755 年的地震对整个里斯本造成了沉重打击，大量建筑被摧毁，修复工作难度极大，尤其是拜萨·希亚多(Baixa-Chiado)[2]地区，那里的建筑物和居民数量远远超过其他地区。地震后，若泽国王和部分官员迁至贝伦的别墅中暂居，在处理震后城市重建的问题上，若泽国王委任当时的国务部长庞巴尔侯爵来担任主要的领导。庞巴尔侯爵立即开始组织里斯本的重建工作，他带领人们一步步将城市从混乱中恢复秩序：热心公益的公民设立了临时医院，而军官则带领士兵去营救各地幸存者。

---

① 庞巴尔又被称为“庞巴尔侯爵”(Marquês de Pombal)，是若泽一世国王的首席大臣、政治家和外交官，他在 1750 年至 1777 年间掌控了葡萄牙。作为受启蒙时代影响的自由派改革者，庞巴尔领导葡萄牙从 1755 年的里斯本地震中恢复过来，并对葡萄牙的政治、经济和社会产生了重大的影响。

② 位于城市两座主要山丘之间的海湾地区，是里斯本的中央商业区。

在里斯本城市重建计划方面，庞巴尔主要委托了国家工程部三位大臣：建筑师欧亨尼奥·多斯·桑托斯（Eugénio dos Santos）、卡洛斯·马德尔（Carlos Mardel）和国家工程总监曼努埃尔·达·马亚（Manuel da Maia）[①]来负责。马亚最先向王室提出了自己的重建方案，欧亨尼奥和卡洛斯则在马亚的计划中发挥了重要作用，他们绘制了相应图纸并积极参与现场施工。经众人共同努力，里斯本市成功重建，再现了昔日的繁华。

当时的马亚向庞巴尔提交了两份项目报告。在第一份报告中，他提出了五种重建里斯本的设想：第一种是恢复至原始状态；第二种是将建筑物恢复至原来的高度，扩宽街道；第三种是将建筑物只提高至两层楼高，并拓宽街道；第四种是将整个下城区夷平，在瓦砾上建造新城、增加城市的高度，并调整坡度以确保水流入河中，避免洪水；第五种是在里斯本老市中心的西侧新建一个里斯本市中心。经过多次商议和评估后，国王和庞巴尔最终选择了第五种方案。随后，马亚提交了第二份报告，描述了重建的具体措施：首先，将整个新建的市区抬高。工人们用震后的碎石作为基础，用青松桩来压实土壤，以确保地基坚实稳定。其次，他为城市制定了规划原则，即建筑物的宽度和高度不能超过街道的宽度。马亚还参考了华盛顿和圣彼得堡的城市结构，在宫廷广场（Terreiro do Paço）和罗斯曼广场（Rossio）两城区规划了正交的街道网格，作为重建城市的基本单元。最后，马亚在拜萨·希亚多地区进行了建筑加固工程。为了增强建筑物的抗震能力，他在砖石墙体旁边加入了一个木结构，这种结构后被称为“庞巴林笼”（gaiola pombalina）[②]（图4）。

---

① 马亚（1677—1768）是一位葡萄牙建筑师、工程师和档案管理员，主要因其在1755年里斯本地震后与欧亨尼奥和卡洛斯一起领导重建工作而被人们铭记。

② 出于担心发生类似的灾难，庞巴尔侯爵希望确保新建筑具有抗震系统，因此在他的授意下这种新建筑形式被马亚开发出来。

图 4　“庞巴林笼”结构的复制品

重建后的里斯本中心地区被命名为“庞巴林市中心”（Baixa Pombaline）[①]，它由一个正交的街区网格组成，一排排笔直的街道两旁排列着新古典主义风格的建筑，将广场和大道连接起来。这一设计巧妙地将新的建筑和城市的历史中心部分进行了结合，另外当时马亚创造的“庞巴林笼”也作为抗震结构在新建建筑中被广泛应用。[②] 为了尽可能地抵御灾害，庞巴尔除了在新建建筑中强制要求采用“庞巴林笼”结构外，还下令统一新建房屋的样式：新的房屋最多有四层，底层设有拱廊，可以作为商铺使用，一楼和阁楼设有阳台，这种建筑风格后来被命名为“庞巴林风格”（Pombaline Style）。[③] 所有建筑均遵循这一整体风格，此外每个建筑之间都有墙体隔离，以阻止火灾的蔓延（图 5）。在庞巴尔的领导下，新的里斯本市中心逐渐开始在震后的废墟上崭露头角：狭窄而曲折的城市巷道被更为宽阔和笔直的街道所取代，而中世纪城市原本拥挤不堪的布局在庞巴林风格的建筑立面和宽阔的街道装饰下脱去了烦琐与陈旧。

---

① 里斯本市中心在 1755 年地震后由庞巴尔侯爵下令建造，占地约 255 公顷。

② 这种砖石建筑内部用木框架加固，1755 年里斯本地震后作为抗震建筑系统在葡萄牙得到了应用。

③ 庞巴林风格是 18 世纪的葡萄牙建筑风格。这种建筑风格主要采用石材、灰泥、木材等材料，以及对称的立面设计和装饰过度的窗户设计，呈现出独特的几何造型和复杂的装饰特点。建筑还采用轻型的抗震技术，以适应当时的城市环境和建筑需求。这种风格的建筑遍布里斯本的许多主要街道和广场，至今依然是该城市的地标性建筑，也是葡萄牙建筑遗产的重要组成部分。

图 5　地震前后里斯本的庞巴林市中心地区(左,中);庞巴林风格的典型建筑(右)

然而,直到 1777 年若泽一世国王去世时,拜萨・希亚多地区的建筑加固工作依旧未完成。豪尔赫・马斯卡雷纳斯(Jorge Mascarenhas)曾解释了该项目受阻的原因:“最初的建筑物是在灾难发生后五年或十年建造的,增加了南北和东西向的抗震体系,这种设计是为了加强承受地震冲击的能力。但随着悲剧记忆的逐渐消失,后续的建筑抗震设计就变得简单了。”葡萄牙后期新建筑的整体框架都是使用连续的墙体进行整体构建的,抗震能力较弱。

里斯本的这场灾难推动了里斯本市全面的灾后重建,也增加了人们对于自然灾害破坏性的认识,尤其是对城市规划的影响,以及如何预防灾害影响的反思。这场地震也为学者们提供了研究建筑“脆弱性”的契机。其中曼努埃尔・波特尔(Manuel Portal)的《里斯本市废墟史》、莫雷拉・德・门东萨(Moreira de Mendonça)的《世界地震史》和巴普蒂斯塔・德・卡斯特罗(Baptista de Castro)在灾难后重新编纂的《葡萄牙地图》等都是这一时期比较有代表性的著作。这次地震的破坏和后续的重建活动也促进了葡萄牙对建筑结构科学的研究,以至于葡萄牙成为欧洲最早建立建筑结构科学实验室和研究机构的国家。

2.1.2　里斯本的建筑修复

地震前的葡萄牙人并未理解老旧建筑中所蕴含的历史价值,因此即便大部分历史悠久的教堂变成了废墟,政府也没有对其进行抢救。此外,地震还使里斯本政府陷入人力和财力上的困境,在灾后的数年内政府没有将重点放在受损地标建筑的恢复和保护上。直到新城市逐渐建成,政府才开始对这次灾害造成的损失进行了评估,并在接下来的 30 多年里对部分重要建筑进行了恢复工作,如里斯本大教堂、巴塔利亚修道院礼拜堂(Mosteiro da Batalha)、里斯本圣乔治城堡(Castelo de São Jorge)等,旨在恢复里斯本的地标建筑和当地文化。

地震给当地人力、财力带来了巨大的损失,在这种情况下,政府在进行重建工作时会优先考虑经济因素和实用主义原则。此时葡萄牙为受损建筑的处理提供了两种方式：拆除完全受损的建筑物后新建，或者重复利用原有建筑的构件进行修复。其中为了防止意外事故发生，政府拆除了位于里斯本的歌剧院、钟楼、皇室宫殿等建筑的剩余部分，因此留下大量可用于建筑修复的材料。在建筑修复的过程中，大多数工人们也采取了节省时间和资源的做法：将破损建筑中比较完好的部分拆除并保留下来，以便后续建筑的再利用。正如当时的一位官员所说，“在古老的圣父教堂前广场上，我们发现了几块雕刻精美的石头，虽然它们目前看起来似乎没有任何用处，但是日后或许可以继续使用。”

里斯本地震后最重要的修复工程是位于里斯本阿尔法玛区的古老教堂——圣玛利亚大教堂（Santa Maria Maior de Lisboa，又称“里斯本大教堂”）。这座教堂由葡萄牙的开国国王多姆·阿方索·恩里克（Dom Afonso Henriques）[①]于 1147 年至 13 世纪之间依照晚期罗马风进行建造。地震摧毁了该教堂主体部分：哥特风圣坛、圣礼堂、中殿的屋顶、南立面的塔楼和灯塔全部坍塌，整个教堂几乎成了废墟。

政府决定修复里斯本大教堂的主要原因除了它本身历史悠久，是里斯本城市的象征之外，更重要的是它的实际功能。地震摧毁了许多重要教堂和修道院，因此修复这些建筑也是给信徒们一个庇护之所。该教堂的修复工作于 1761 年正式开始，他们保留了教堂的剩余部分，并使用了大量来自其他被毁的建筑物的材料，尽可能地节约开支。其中雷纳尔多·多斯·桑托斯（Reinaldo dos Santos）负责南立面塔楼的修复工程，费利克斯·达·科斯塔（Félix da Costa）负责绘制拱顶的装饰。在当时的背景下，修复工作并未完全恢复大教堂昔日的风貌，两位工程师对教堂进行了一番改造：他们拆除了中央大殿的石盖，换上了一个符合当时品位的木质屋顶，并对空间进行了其他一些更新，使其更方便后续的管理与使用（图 6、图 7）。大教堂的这次修复工作历时 30 多年，直到 1785 年才彻底停工。[②]

---

① 他是葡萄牙的第一位国王，他实现了葡萄牙民族的独立，建立了一个新王国，并通过收复失地运动将其领土扩大了一倍。

② https://www.patriarcado-lisboa.pt/site/index.php?cont_=40&tem=75

图6　地震前的大教堂(左)、地震中受损的大教堂(中)、当时修复后的大教堂(右)

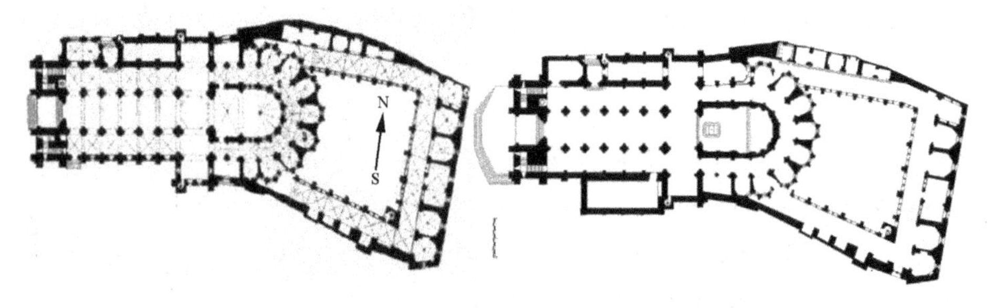

图7　地震前后大教堂空间上的改变

出乎意料的是,虽然葡萄牙政府在震后陆陆续续对一些重要建筑进行了修复,如里斯本大教堂、热罗尼姆斯修道院、圣玛丽亚·德·贝伦修道院等,但是在地震后的建筑遗产资料中,reparar(修理)和reedificar(恢复)这样的词汇却很少出现。这可能是因为在当时的环境下修复这些重要的地标建筑并保留其原有历史特征存在技术和艺术上的挑战。尽管这是政府进行干预的初衷,但当时干预的主要目的也是为了恢复建筑的使用功能,因此那些干预行为在当时并不能被称为"修复"或"恢复"。他们更愿意使用reconstituição(重建)、reformar(改造)或remodelar(改建)这些术语来描述这些行为。政府当时对遗产价值非常漠视,导致针对建筑平面的恢复、风格的选择以及对材料的选用等方面与现代遗产保护的方法存在明显的差异。在平面方面,他们通常采用简化的方法,主要关注建筑的基本功能,如建筑的结构和使用空间。在建筑的风格方面,由于政府的影响力较大,因此在许多情况下风格的选择多是基于政府官员的审美偏好。此外,在原材料的选择方面,震后的建筑碎片也并不能满足所有的干预需求,不得不使用大量新材料,而部分新材料常常与原有建筑的材料产生明显的不匹配,这也是当时干预工作中的一个重要问题。直到考古学修复理念开始传入葡萄牙之后,人们才开始意识到建筑遗产的保护和修复应该尊重其原貌和历史。

2.2　政教改革后的建筑遗产保护

在欧洲文化景观中,教堂和修道院占据着重要的地位,而葡萄牙遭遇的这场大地震则让里斯本的教堂和修道院遭受了严重损失,原本整个市内的 65 座修道院只剩下 11 个在勉强矗立。损失重大的修道士们将此次灾难归咎于里斯本的罪恶,为此他们四处进行宣讲游行。① 这种游行最终加重了社会矛盾和不满,也加剧了葡萄牙的政治和经济危机。

在面对震后的废墟时,庞巴尔侯爵开始思考如何去处理这些毁坏的教堂和修道院。在英国和奥地利的多年生活使得庞巴尔深受欧洲启蒙思想的影响,他迫切希望对葡萄牙内部各种制度进行改革。因此,在地震后,庞巴尔除了对极少数重要的教堂和修道院进行修复外,以重建里斯本为由拆除了大量受损建筑,并用这些材料来建设新的城市中心。1756 年秋,庞巴尔又以一份名为“地震真正原因的判断”的起诉书将游行的领导者加布里埃尔 · 马拉格里达(Gabriel Malagrida)神父送往塞图巴尔,试图让他闭嘴。随后,庞巴尔又在 1759 年正式下令驱逐境内的保守势力,并将政权置于政府的控制之下,于是葡萄牙内部各方权势之间的紧张关系随着里斯本重建工程的进行逐渐加剧。

这场内部政教斗争一直持续到了 19 世纪 20 年代初,当时的葡萄牙政治局势动荡,内战频频,债务也不断累积,最终葡萄牙政府决定对那些损坏的教堂和修道院进行清算。在这之后,数十座具有百年历史的修道院的处置方式成为公众讨论的焦点。在这种情况下,政府为了协调各方之间的利益,于 1822 年 10 月 24 日颁布了《葡萄牙宪法》。该法令规定将国内修道院和教堂的数量降至最低限度,并鼓励以实用或世俗的方式对待这些建筑。法令还规定这些建筑可以改为医院、图书馆、美术馆和其他公共建筑,此外政府还可以“在其认为方便的情况下

① 这一时期被称为“善恶论者”(the Advocate of Good and Evil)运动,它试图通过强化信仰以缓解社会的不安和混乱。然而,这种极端的运动最终加重了社会矛盾和不满,也加剧了葡萄牙的政治和经济危机。

出售被废弃的房屋内的基本物品和家具"。这项法令是政教之间斗争的结果,它为政府提供了处理震后的教堂和修道院的指导方针,并为政府缓解财政危机提供了机会。[①]

在政府处置这些建筑的过程中,新的制度——议会则为此次活动提供了一个思想交锋的舞台。1821 年 1 月 26 日,政府召开了第一届议会,展开了关于遗产实用价值与精神价值取舍的讨论。实用主义者主张将众多的建筑遗产收归国有,支持变现并用于部分遗址修复和经济发展,而价值派则认为教堂和修道院的许多组成部分是有价值的,他们希望保护那些有价值的建筑,并反对售卖这种行为。在辩论中,实用派议员皮门特尔·马尔多纳多(Pimentel Maldonado)指出,如果国库已经没有足够的资金来满足国家运行的基本需求,那么为什么不将那些建筑进行出售从而减轻国库负担,维持葡萄牙的发展?而价值派的学者亚历山大·托马斯·德·莫赖斯·萨尔门托(Alexandre Tomás de Morais Sarmento)[②]则对实用主义理念进行了反驳。他认为,他们应该反对破坏纪念物的野蛮行径,人们应该去理解那些建筑的纪念和艺术价值,政府和学者有责任保护这些价值,特别是那些具有历史、身份和艺术品质的建筑更应该得到重视和保护。

这场围绕遗产处置的辩论持续了很长时间。在这场辩论中何塞·阿戈斯蒂纽·德·马塞多(José Agostinho de Macedo)[③]起到了重要的作用(图 8)。他曾是葡萄牙政府的官员,在最开始的时候对于处置这些教堂和修道院表达了自己的看法:如果不将这些建筑进行出售,那么国家就必须保留它们,这需要大量的资金来支持。当时,他认为尽可能地发挥这些建筑的实用价值是弥补国家财政赤字的最佳途径。然而,在 1830 年,马塞多被法国大革命期间人们的行为所震惊,许多修道院被人们掠夺后破坏甚至消失,这使得他开始担心葡萄牙的教堂和修道院会遭到同样的厄运。因此,马塞多转变了之前的态度,他认为国家法律应该严格保护这些遗产,并将许多教堂和修道院归还给修道士。这一

---

① 1822 年批准的《葡萄牙宪法》是葡萄牙最古老的宪法文本,它标志着葡萄牙试图结束专制主义并开始实行君主立宪制。虽然它只在两个短暂的时期里生效——第一个时期是 1822 年至 1823 年,第二个时期是 1836 年至 1838 年,但它是葡萄牙民主历史上的一个里程碑。

② 萨尔门托(1786—1840)是一位葡萄牙政治家,第一任维斯孔多(Visconde)爵位获得者。他出身于莫赖斯·萨尔门托(Morais Sarmento)贵族家庭,在政治上担任过议员。

③ 马塞多是一位葡萄牙官员、神父和作家,也是他那个时代重要的自由主义批评家。

转变标志着马塞多等人开始认识到这些建筑的价值和意义，也为葡萄牙的建筑遗产保护打下了基础。

图 8 马塞多(左)与萨尔门托(右)

最终，马塞多的担忧在政府于 1835 年 4 月 15 日颁布的新《宪法》中得到了解决。这个新《宪法》在《若昂五世国王宪章》的基础上重新划分并定义了国家遗产，将建筑和相关的纪念物包含在遗产这个类别中。同时，新《宪法》还规定国家遗产中的古迹、艺术珍品、历史纪念物、历史建筑等不得作为商品出售。此时的葡萄牙政府逐渐意识到了教堂等建筑的纪念价值，并开始采取措施进行保护，以结束这场关于遗产改革的辩论。而这部新《宪法》的颁布也揭开了葡萄牙建筑遗产保护的新篇章，标志着葡萄牙对于建筑遗产的关注开始从实用经济层面转向文化精神层面。

2.3 建筑遗产保护意识的诞生

1755 年的大地震和火灾给葡萄牙带来了重大影响，主要体现在以下几个方面。首先是灾后的里斯本城市重建，当时的里斯本在灾后沦为废墟，政府重新对里斯本的街道布局和建筑风貌进行了规划，如严格限制建筑层高、实施网格式布局等，使里斯本变成了今日的样貌。其次，在建筑领域，灾难造成许多建筑物严重受损，政府为了降低重建成本，开始采用被损坏建筑材料进行重建，而这种材料再利用也成为灾后重建的重要策略。此外，政府还在技术方面进行了创新，“庞巴林笼”这种具有抗震能力的固定构件被广泛应用在里斯本的建筑中，同时还在新建的建筑上使用更具稳定性的地基结构，如混凝土、松木桩等材料。

里斯本大地震与葡萄牙的建筑遗产保护之路密切相关。这场地震迫使政府重新考虑建筑设计和施工标准，尤其是在修复一些重要地标建筑的过程中，政府实施了一系列的建筑规范和标准，这些规范和标准成为葡萄牙保护建筑遗产的基础。除此之外，地震还对人们的心理产生了深刻的影响。大量历史悠久的建筑被损坏，很多没有得到及时的修复，这使得人们意识到建筑的脆弱性，这种意识成为葡萄牙建筑遗产保护思想的启蒙。

此外，大地震促进了科学性理念在葡萄牙的传播，同时也推动了葡萄牙内部改革的进程。由于地震后大量教堂和修道院面临被清算的境地，人们开始围绕这些建筑展开激烈的辩论，在辩论中葡萄牙的学者和政府逐渐意识到建筑遗产的重要性。于是政府在《若昂五世国王宪章》和 1822 年的《葡萄牙宪法》的基础上，于 1835 年颁布了新的葡萄牙《宪法》，并在其中对建筑遗产（主要是教堂和修道院）的保护做了更明确的规定，而这部新《宪法》也逐渐成为葡萄牙建筑遗产保护运动的起点。

第 3 章　欧洲保护思想的影响及葡萄牙本土保护的发展

19 世纪上半叶，欧洲很多城市正在经历迅猛的工业化进程，相较之下，葡萄牙的发展则显得缓慢。1807 年至 1852 年期间，拿破仑入侵、巴西殖民地独立及自由派与专政派之争等问题的相继出现，使得葡萄牙在政治、经济和社会层面陷入危机，处于十分动荡的时期。随着安东尼奥·萨拉查（Antonio Salazar）政府的建立，政权才得以暂时稳定。19 世纪后半叶，葡萄牙开始吸纳外国工程师、艺术家、理论家等人才。1836 年，葡萄牙为了提高当地的艺术教育和建筑水平，在里斯本和波尔图设立美术学院。同时，为了提高本国的建筑遗产修复水平，葡萄牙学者开始到欧洲各国进行交流学习。

3.1　欧洲各国思潮影响下的葡萄牙

19 世纪初，修复文化在欧洲各国开始风行，葡萄牙的学者们开始将从英国、法国、意大利等欧洲各国学到的修复、保护理论应用于本国的实践工程。这种跨文化的交流促进了葡萄牙建筑遗产保护思想的发展，同时也促进了国际多元文化之间的交流和合作。

3.1.1　英国“复兴主义”的影响

从 18 世纪下半叶开始，葡萄牙面临着内战困境、王室流亡的政治现实，这些现实加深了葡萄牙对英国援助的依赖，这种依赖不仅使得两国之间交流频繁，也推动了英国遗产保护思想在葡萄牙的传播。此时，英国正经历一场浪漫主义运动，其代表人物奥古斯塔斯·韦尔比·诺斯莫尔·普金(Augustus Welby Northmore Pugin)①视哥特风建筑为民族象征,并呼吁对其进行保护。这种思想的跨国传播一方面使哥特风建筑在葡萄牙得到了流行,另一方面也启发了葡萄牙寻找自己的民族风格。

葡萄牙诗人若泽·德·阿尔梅达·加雷特(João de Almeida Garrett)②是这一时期的代表人物,他给葡萄牙带来了新的艺术和文化气息。1821 年,由于政见不合加雷特被迫流亡英国,在流亡期间,他受到当时哥特复兴及浪漫主义思想的影响,写下了《卡蒙斯》和《布兰卡》两本诗集,这些作品流露出葡萄牙此前未曾有过的浪漫主义气息。1823 年,加雷特参观达德利城堡(Dudley Castle)(图 9)时惊叹于城堡的哥特风格。

图 9　达德利城堡

加雷特的作品出版后在葡萄牙产生了深刻而广泛的影响。在他的诗集《布兰卡》中,他对葡萄牙的萨格里什要塞(Fortaleza de Sagres)(图 10)的现状感到惋惜:"它已经变成废墟,除了炮台外,更像是一个被遗弃的广场,而不是一个被重视的要塞。当我们想到从这个港口出发的探险队们开辟了葡萄牙殖民地的第一条道路,为葡萄牙在世界上夺得光辉的时候,每个葡萄牙人都会感到悲痛不已,因为他们无法相信这样的光荣竟来自那里。"同时在《布兰卡》中加雷特也对不同的建筑风格

---

① 普金(1812—1852)是一位英国建筑师、设计师、艺术家和评论家,拥有法国和瑞士血统,他在哥特式复兴建筑风格的开创性作用上卓有成效。他的作品包括伦敦西敏市议会大厦的内部设计及其标志性的大钟塔,后被更名为"伊丽莎白塔"。除此之外,普金还设计了英格兰、爱尔兰和澳大利亚的许多教堂。

② 加雷特(1799—1854)是一位浪漫主义作家、剧作家、演说家、王国贵族、大臣。

进行了深入探讨。他写道:“人们好奇地观察着这座要塞的结构:它既没有希腊特色,也不是多里亚式,不是意大利风格,也不是混合风格;它缺乏任何秩序,你感受不到哥特式的庄严和撒克逊式的粗犷。”加雷特利用人物在完全陌生的建筑面前的困惑,巧妙地展示了他对不同建筑风格的理解:古典主义、哥特风格是细致而富有装饰感的,而撒克逊式风格是沉重而粗犷的。他进一步解释道:“撒克逊式建筑与哥特风建筑的区别在于其形式,哥特建筑的拱券轻盈而尖锐,而撒克逊建筑的拱门则是圆形,沉重且扁平。这两种建筑风格不仅在英国存在,葡萄牙和西班牙也有它们的痕迹。”此时加雷特所定义的撒克逊建筑就是现代所说的罗马风建筑。

图10 萨格里什要塞

1826年回到葡萄牙后不久,加雷特便离开并再次来到了英国,一直待到了1831年。在这段时间里他完成了两部作品:小说《阿多辛达》和诗集《若昂·米尼莫的抒情诗》。尽管1798年在葡萄牙官员华金·德·圣罗莎·维泰尔博(Joaquim de Santa Rosa Viterbo)的著作《葡萄牙用词诠释》中已经有了关于“历史遗迹”的描述[①],但这个概念只在少部分人群中得到了传播,加雷特就是其中之一。因此,在《若昂·米尼莫的抒情诗》中,加雷特提起了这一概念,并对葡萄牙历史遗迹进行了前所未有的细致评估,还表达了对哥特建筑的偏好(图11)。他声称,他们厌倦了古希腊和古罗马的建筑和绘画,开始注意到巴塔利亚修道院的美丽。

作为一位善于创作“哥特风格”诗歌的诗人,加雷特也高度推崇与哥特风格相似的葡萄牙在曼努埃尔时期建造的建筑,并将这些建筑归

---

① 维泰尔博在这本书中简单地描述了“历史遗迹”这一概念。该书出版于1798—1799年。

类为特殊的民族风格作品，如里斯本的贝伦塔和修道院，而这种推崇行为也影响了19世纪下半叶葡萄牙的社会大众。在他的影响下，葡萄牙人开始将哥特风格与早期的曼努埃尔式建筑[①]进行融合，包括各种石雕、塔楼和华丽的窗框等元素。同时葡萄牙的学者还借鉴了英国复兴主义的形式，创造出属于葡萄牙自己的特征，并将其称为"曼努埃尔"主义，正如哥特式建筑是英国建筑的代表一样，"曼努埃尔"建筑也具有明显的国家特色。

图11　加雷特的画像及作品《卡蒙斯》

英国复兴主义运动在葡萄牙建筑遗产中留下了深刻的印记，不仅使得葡萄牙确立了属于自己的特色建筑风格，还促使葡萄牙在一些重要的历史建筑修复项目中开始选择使用哥特风格的建筑形式，著名的波尔图大教堂（Sé do Porto）是一个典型例子。它始建于12世纪，是一座罗马风建筑，但立面建成时间较晚，因此也受到了哥特风格的影响，拥有高耸的塔楼和玫瑰花窗。在18世纪，意大利建筑师尼科劳·纳索尼（Nicolau Nasoni）[②]对大教堂的立面进行了改建，融入了一些巴洛克元素，还增建了一个巴洛克大门以取代原来的罗马风大门。19世纪，在复兴主义运动的影响下，波尔图大教堂进行了大规模的修复和扩建。

① "曼努埃尔式建筑"这一表述出现在作者为《卡蒙斯》第二版所做的说明中。

② 尼科劳·纳索尼(1691—1773)是一位意大利艺术家、装饰家和建筑师，他被视为波尔图市最重要的建筑师之一。

在此期间,大教堂增加了哥特建筑风格并强调尖券门和尖券拱顶的特征,工人们雕刻的精美石雕也成为波尔图大教堂的一大特色。工程还包括加强大教堂的基础、修复损坏的部分以及在大教堂旁边建造一座哥特风格的修道院,修道院沿用至今(图12)。

图12 波尔图大教堂干预前后及修道院

除此之外,英国对葡萄牙建筑遗产的影响还体现在材料和工艺方面:第一,英国材料的传入,如砖、陶瓷等材料从英国进口,被广泛用于历史建筑的修复工程中,尤其是在里斯本、波尔图等历史城市;第二,提升了对传统工艺的关注,在修复工程中要求运用高质量的传统木工和石工工艺,如波尔图的证券交易所宫(Palacio da Bolsa)、里斯本的葡萄牙议会大厦(Mosteiro de S. Bento da Saúde)等许多地标建筑。

总的来说,英国复兴主义对葡萄牙建筑遗产的影响是多方面的,但最主要的是它让葡萄牙找到了自己民族文化最具有代表性的建筑风格,还促使葡萄牙的建筑遗产在修复过程中开始倾向于哥特建筑风格。

3.1.2 意大利"考古学修复"的影响

19世纪初的罗马,许多修复建筑师对"现代修复"概念的创新和推广做出了重要贡献[①],其中拉斐尔·斯特恩(Raffaelle Stern)[②]和朱塞

① 部分学者,如约瑟·阿吉亚(José Aguiar),认为"现代修复"是在1789年法国革命之后才开始出现的。但是由于本章研究的问题非常复杂,需要从一个相对的视角来看待它。在这里,作者将以贾斯蒂西亚(Justicia)所说的提图凯旋门(Arco de Tito)修复为现代修复运动的奠基之作为主线进行讨论。

② 拉斐尔·斯特恩(1774—1820)是一位意大利建筑师。他接受了温克尔曼的古典和新古典主义原则的教育,并于1805年至1806年对梵蒂冈博物馆的基亚拉蒙蒂博物馆的新翼进行设计,并于1817年受命实施。

佩·瓦拉迪尔(Giuseppe Valadier)①是重要的代表。他们倡导在尊重历史建筑本质的基础上,以客观调研为前提,以技术为主导来制订修复计划,并明显标示现代干预的印记,以避免伪造历史状态,而又通过相关新旧元素的和谐来获得美学上的统一。当时推崇的修复技术主要包括五种:结构加固、建筑元素的补充、用不同的材料填补空隙、解析重塑(anastilosis)规则、对细节刻画。这些技术的普及和意大利当时所处的新古典主义的文化环境为考古学修复提供了条件的保障,随后考古学修复技术凭借着保护效果的可靠性和具有美感的表达在19世纪的欧洲逐渐传播开来。

19世纪上半叶,许多葡萄牙建筑师前往意大利学习,波西多尼奥·达·席尔瓦(Possidonio da Silva)②就是其中之一,他将"考古学修复"这一理念引入了葡萄牙。席尔瓦作为葡萄牙民间遗产保护机构——葡萄牙考古学家协会(该协会在1911年更名为"葡萄牙皇家建筑师和考古学家协会"(Real Associação dos Architectos Civis e Arqueolǿgos Portugueses)的创始人兼主席,深受葡萄牙人民的尊重和信赖。在国外求学期间,他先在法国接触到了新古典主义风格的代表人物,其中包括查尔斯·珀西耶(Charles Percier)、P. F. L. 方丹(P. F. L. Fontaine)、路易斯·皮埃尔·波塔尔德(Louis Pierre Baltard)等人,这些建筑师主张"严格恢复建筑形式",并推崇"考古学修复"理念。③随后,席尔瓦前往罗马深耕细研最纯正的"考古学修复"理论和技术,并将这些理念和技术带回了葡萄牙。

席尔瓦回到葡萄牙后,积极传播他所学的修复理念,并在意大利建筑师吉塞普·西纳蒂(Guiseppe Cinatti)的指导下在国内开始展开相关实践,其中比较具有代表性的是他们采用了"考古学修复"的方法修复位于葡萄牙的埃武拉罗马神庙(Templo Romano de Évora)。西纳蒂和席尔瓦希望恢复这个古罗马神庙的原始外墙,并拆除罗马时期之后中

---

① 朱塞佩·瓦拉迪尔(1762—1839)是一位意大利建筑师和设计师、城市规划师和考古学家,是意大利新古典主义的代表人物。

② 席尔瓦(1806—1896)是一位杰出的建筑师、考古学家和摄影师,曾受皇室邀请担任建筑师。他参与了多个委员会工作,其中最重要的是创立了葡萄牙民用建筑协会,该协会后来被称为"葡萄牙皇家建筑师和考古学家协会"。他的工作成就和贡献在葡萄牙建筑、考古遗址保护和摄影艺术方面都有着广泛的影响。

③ 珀西耶和方丹是新古典主义概念的提出者和主要推动者。

世纪的所有干预措施及附加物，因为这些附加物存在一定的干扰，阻碍了对原始建筑的考古解读。他们要求工匠们谨慎操作以尽可能多地保留历史信息，同时也添加一些新的元素来使建筑完整。因此，在修复工程中，西纳蒂和席尔瓦首先清理了神庙周围的杂草和碎石，将神庙基座展现了出来；对被雨水冲击而坍塌的屋顶和墙壁进行了加固；采用了埃武拉当地的石材对神庙破损的四根罗马立柱进行了填补。此外，他们遵循考古学修复的理念，非常注重对神庙细节的刻画，尤其是神庙柱廊檐口的花纹部分。那些花纹在雨水冲刷下已经模糊了原有的纹路，因此他们要求工匠用新石材雕刻出原来的框架和轮廓并安装回檐口上，从而体现出神庙原初的外貌和风格（图13）。这项修复工程得到当时市长和大部分民众的支持。1870年6月17日，随着该神庙的一个中世纪雉堞（merlons）的拆除，修复工程正式启动，而修复过程中所产生的石料和碎片被转移至埃武拉王宫的画廊之中。1878年，席尔瓦将这些修复方式发表在自己的著作《考古学基础知识》中。

图13a 中世纪埃武拉神庙的雉堞（左）；1882年埃武拉罗马神庙的科林斯柱的细节（右）

图13b 埃武拉罗马神庙现场照片

尽管在19世纪末的席尔瓦已经倡导将考古学修复作为一种科学活动，并进行了相关实践，但在当时的葡萄牙并未引起过多的反响。直到20世纪末，由意大利建筑师卡米洛·博伊托(Camillo Boito)[①]提出的"文献学修复"理论，通过加布里埃尔·佩雷拉(Gabriel Pereira)在《葡萄牙艺术》上的文章传播到葡萄牙，博伊托的这种"实证主义"理念在20世纪前几十年里受到葡萄牙知识分子的重视，引起了强烈的共鸣。[②]正是在这种共鸣的影响下，与"文献学修复"一脉相承的"考古学修复"理念在葡萄牙得到广泛传播，因此也在19世纪下半叶对葡萄牙自己的修复理念产生了深远的影响。

3.1.3　法国"风格性修复"的影响

（1）历史背景

法国修复理念对于葡萄牙文化保护也产生了深远的影响。在席尔瓦进修时所接触到的建筑师圈子中，有两位法国学者的思想影响了葡萄牙的遗产修复工作。一个是阿尔西斯·德·科蒙(Arcisse de Caumont)[③]这样的考古学家，通过他撰写的《考古学字典》中的观点，葡萄牙学习到了按照年代划分建筑史的方法，开始对自己的文化传统进行梳理。另一个则是欧仁·维奥莱-勒-杜克(Eugène Viollet-le-Duc)，他的贡献是对法国中世纪建筑风格史的系统性研究。这两种思想通过专业期刊和建筑师们之间的书信往来在葡萄牙的学术界得到广泛传播。

在19世纪上半叶的法国，维奥莱-勒-杜克的作品引起了广泛的关注，这推动了"风格性修复"的发展。而在葡萄牙他的设计作品也备受推崇，被葡萄牙的公共机构如国家图书馆、里斯本皇家美术学院等收藏，他本人更被里斯本美术学院和葡萄牙皇家建筑师和考古学家协会授予荣誉会员的称号。尽管维奥莱-勒-杜克的影响力在1914年开始衰落，但他的理念在葡萄牙以其他形式流行开来。他主张修复并非只

---

① 博伊托对历史建筑进行"文献学"式解读的修复理论在19世纪末得到了广泛的认可。他在此理论基础上建立起的意大利历史建筑管理与修复体系极大地推动了该国历史建筑保护的现代化进程。

② 实证主义是19世纪至20世纪之间在欧洲(更准确地说是在法国)出现的一种哲学思潮。它由思想家奥古斯特·孔德(Auguste Comte)提出，认为科学知识是唯一有效的知识形式。

③ 科蒙(1801—1873)是一位法国历史学家和考古学家。他是第一个将建筑史按具体年代划分的人，被认为是法国中世纪考古学之父。

是简单地维护、修补或重建建筑物,而是要恢复建筑物"历史上可能从未存在过的完整状态"。

(2)"风格性修复"在葡萄牙的发展

法国的"风格性修复"在19世纪末引入葡萄牙时,该国正处于现代化的转型期,这种修复方法被认为是使葡萄牙的文化遗产现代化并符合当代品位和美感标准的最佳途径。

在葡萄牙,建筑遗产修复是一个不断发展的领域,定义也一直在不断变化中。在19世纪30年代,"修复"(Restauração)被看作"翻新、改革、恢复原状"的意思。到了19世纪末,"修复"一词在葡萄牙才有了一个明确的定义,即对部分损坏的建筑物进行干预,恢复其受损构件。但自从法国的"风格性修复"理念被引入葡萄牙后,"修复"这个概念就变得复杂起来。因为在维奥莱-勒-杜克眼中,"修复"实际上是指"重建""恢复原状""重新整合",而不是一种单一、科学、技术和实验性的操作。并且当时的葡萄牙由于国家资源匮乏、实用主义思想的影响,国内很少对历史建筑进行过多的干预,直到19世纪末,葡萄牙国家内部逐渐统一、经济开始复苏时,葡萄牙才开始将"风格性修复"的理念付诸实践。

葡萄牙建筑师在受到风格性修复和考古学修复的影响后,将其简化加工,创造出了属于自己的修复理念——"重新整合"(reintegração)。葡萄牙学者豪尔赫·曼努埃尔·雷蒙多·库斯托迪奥(Jorge Manuel Raimundo Custódio)将"重新整合"定义为:修复者在尊重历史信息的基础上,拆除多余的干扰信息,运用现代技术客观地将在考古或干预过程中发现的历史碎片或被遗忘的元素重新定位,将其整合到被修复的建筑上,形成一种新与旧之间的交流,在此过程中还要强调不同时代的材料间的可识别性和干预的可观察性。它是在选择修复对象的基础上对建筑进行必要的加固和修补,同时还保留各个阶段干预的痕迹,在创造性和科学性之间寻求平衡。但在这一时期,由于葡萄牙的财政不足,并不能很好地展现出"重新整合"所追求的科学与艺术的平衡,因此其国内的大部分实践其实更符合"恢复原状"(restituição)。相较于"重新整合","恢复原状"的理念追求的是将作品恢复到最初的状态,与该作品作者原始构思或作品完工时的状态相符合,以展现历史遗迹的原初面貌,正如风格性修复所要求的那样。

1923年,葡萄牙画家卢西亚诺·弗莱尔(Luciano Fryer)确立了"恢复原状”与“重新整合”之间的本质区别：前者是对工匠技艺、经验主义和传统意义的体现，而后者则是艺术与科学的一种平衡。他认为“恢复原状”的目的在于尽可能地恢复建筑的原初形态和结构，这个过程是当地工匠的技术水平以及经验的再现，而“重新整合”则强调在修复过程中，不仅要尊重建筑原貌，还需要增加新的元素，以弥补建筑在历史发展中的缺陷，要在保留历史、文化价值的基础上，通过艺术和科学的手段对建筑进行整合和创新。所以“重新整合”不仅仅是修复，还是一种创新和创造的过程。至于维奥莱-勒-杜克风格性修复所演绎的第三种思想“重建”（reconstituição）则是指在原有的基础上通过添加新元素的方式来构建缺失的部分，如通过类似于原始构件的新构件来完形。简单来说，前两种方式偏向于原样修复，而“重建”则是添加新元素或以新的方式呈现遗产风貌。

20 世纪上半叶，由于政府的影响，“重新整合”理念在葡萄牙的修复工作中占据了重要地位。政府将该理念视作应用于国家古迹修复的一套特定原则、准则、程序和技术，并在古迹修复中广泛应用。[①] 其中葡萄牙科布英拉旧教堂（SéVelha de Coimbra）的修复工程是当时比较有代表性的案例，该工程在 1892 年至 1902 年期间由安东尼奥 · 奥古斯托 · 冈萨雷斯（António Augusto Gonçalves）领导。在干预之前，他们通过观察发现该教堂的罗马风主教堂在历史的多次修复中被掩埋了，于是他们决定恢复该建筑的罗马风，同时消除后来的风格。但去除其他时代的多层干预、添加和修复痕迹不仅需要卓越的技术，还需要规范的准则，最重要的是不能影响到被“重新整合”的建筑罗马风本体，因此在整个工程中冈萨雷斯坚持极度谨慎的态度。

最开始，科布英拉旧教堂制定的干预方式是“重新整合”。为了实现这个目标，科布英拉市政府对教堂周围进行征地并拆除了周边建筑物，为修复工作创造了条件。接着，市政府对教堂本身进行了拆除工

---

① 在这一时期，“重新整合”在艺术界和学术界中获得更广泛的支持和认可，成为一种概念上与传统修复方式相对立的修复方法。葡萄牙政府当时认为，“重新整合”这种兼具艺术性和科学性的修复方式可以很好地体现国家在科学和技术上的实力，以及现代化。政府希望通过这种修复方式让葡萄牙的历史建筑重现辉煌。因此，葡萄牙的学者们开始对“重新整合”及其技术进行更深入的讨论，探索如何在实践中运用这种方法和掌握各种技术。他们重点将研究放在历史建筑的风貌、建造工艺及它们的时代特征上，在调研历史文献的同时还强调修缮应该建立在科学和准确性的基础上，同时要与时俱进。此外，学者们对“重新整合”的讨论也不仅仅局限于建筑遗产，而是扩展到雕刻、绘画等葡萄牙的整个艺术界。

作,为了保留该教堂原始的罗马风风格,他们拆除了除教堂主体外的所有东西,包括圣坛上的巴洛克式雕刻、瓷砖等。① 由于不断地挖掘和修复,教堂的部分区域变成了一片废墟(图14)。1914年,整个教堂被拆得看起来像是一座被德国"军事攻击"摧毁的建筑。随后,由于缺乏资金、工匠罢工和内部斗争等,修复工作停止了数年,直到20世纪20年代这个项目在国家建筑和纪念物总局(DGEMN)的赞助下才恢复正常。② 同时,随着项目的推进,工匠们为了减少工作量开始下意识地将拆下的结构和"装饰元素"进行再利用,这一行动严重遮掩了教堂原始风貌和基本构成元素,也阻碍了修复工作的客观性。在这一背景下,冈萨雷斯提出了"完全重新整合"理论,他要求将之前干预过程中的附加物全部清除。但是随着时间的推移,修复成本逐步升高,政府无力支撑起教堂的"重新整合"这项工作,也无法满足冈萨雷斯的想法。因此,后期冈萨雷斯开始采用"恢复原状"的概念来进行干预,注重恢复建筑物的原始设计和元素。最终,修复完成的科布英拉旧教堂恢复了中世纪的形象,成为科布英拉市的象征(图15)。

图14　1909年被拆得只剩下废墟的大教堂(左);建筑师协会带人参观教堂(右)

① 科英布拉旧教堂内的瓷砖是葡萄牙建筑的特色。奥古斯托·冈萨雷斯的方案是拆除几乎所有16世纪的瓷砖覆盖物,倾向于风格统一和重新整合的想法。

② 由于该教堂的装饰物较多,几乎涉及各个结构部分,需要进行大面积拆除,因此在工程进行到一半时,教堂开始显现出拆除工作所带来的问题,部分工程师开始怀疑工程的意义和价值,于是便进行大量讨论。同时该修复的时间跨度较长,工匠对中间部分进行了替换,他们不能很好理解之前的工作内容。

图 15 1916 年科英布拉旧主教座堂正在修复的后殿(左);1953 年大教堂修复后的样子(右)

除了政府主导的干预之外,当时被维奥莱-勒-杜克的修复理念影响的罗森多·卡瓦雷拉(Rosendo Carvalheira)、阿当斯·贝穆德(Adães Bermudes)等葡萄牙建筑师也展开了各种实践。例如,卡瓦雷拉修复了瓜尔达大教堂[①],埃内斯托·科罗迪(Ernesto Korrodi)修复了莱里亚(Leiria)城堡[②],奥古斯托·福斯奇尼(Augusto Fuschini)修复了里斯本大教堂[③]。

福斯奇尼是一名结构工程师,他致力于对中世纪建筑的研究,设计并指导了多处古迹的修复工程。1902 年,他开启了对里斯本大教堂第 2 阶段的修复项目,这次修复是 20 世纪初葡萄牙历史建筑修复的标志性事件之一(图 16)。福斯奇尼计划建造一个新哥特风格的建筑,他采用"重新整合"的方式,将大部分巴洛克时代的附加物都清除了,包括拆除了教堂两侧的一些建筑,重建了拱顶,并在建筑上加盖了雉堞,这一系列的改动和装饰都是为了让大教堂恢复中世纪的面貌。[④] 在修复

① 阿当斯·贝穆德(约 1864—1919)是里斯本市的几座建筑的建筑师。1897 年,他完成了瓜尔达大教堂及其修复的回忆录,其方法受到维奥莱-勒-杜克的启发。他监督了 1899 年至 1919 年的修复工程,有时选择勒-杜克的理论,有时则选择更适合保护哥特式时期之后特征的方案。

② 莱里亚的哥特式城堡是 1898 年部分完成的修复项目,由在葡萄牙工作的瑞士建筑师和设计师埃内斯托·科罗迪策划。

③ 奥古斯托·福斯奇尼(1846—1911)是一位工程师和主持国家古迹委员会的议员,负责里斯本大教堂的修复工作,他在 1899 年至 1911 年期间参与了这些项目和工程。里斯本罗马式大教堂在 1755 年的地震中遭受了巨大的破坏。在 18 世纪末和 19 世纪初,奥古斯托·福斯奇尼同时运用了罗马风和哥特的形式,这导致修复工程高度的主观性。现在福斯奇尼的作品已经被移除,政府选择了一个相对保守的方案。

④ http://www.monumentos.gov.pt/Site/APP_PagesUser/SIPA.aspx?id=2196

的过程中，福斯奇尼注重保留教堂原有的建筑结构和风格，同时采用了先进的技术手段，用大理石和木材等材料进行修复整合。

图 16　19 世纪的里斯本大教堂(福斯奇尼在干预前、干预中和干预后的样貌)

除了上述这些重大工程之外，葡萄牙还有一些专业学者致力于传授"风格性修复"的理论知识，贝穆德便是其中之一。他曾在法国巴黎美术学院(École des Beaux-Arts)学习期间接受了维奥莱-勒-杜克的思想，1894 年回国后开始了他的建筑师生涯。1917 年，贝穆德在里斯本美术学院担任老师，并教授材料的构造、画法几何和透视法，他对学生们的讲解注重实践和经验，追求艺术与技术的完美结合。贝穆德成功地将维奥莱-勒-杜克的修复理论进行了发扬和推广，促进了其在葡萄牙修复领域中的应用。

(3)"风格性修复"的尾声

随着葡萄牙的古迹干预实践数量逐渐增多，"风格性修复"理念的应用也越来越广泛。修复古迹需要选择合适的方法，然而"恢复原状"和"重新整合"两种方法的区分在实际应用中并不明确，并且葡萄牙的建筑师在不同的修复案例中并没有特别倾向于使用某个概念，因此在很多记录中这两者都会存在。20 世纪 20 年代，建筑师劳尔·利诺

(Raul Lino)[①]开始反对这些旨在恢复古迹原貌的修复理念。他支持拉斯金保护而非修复的想法,认为维奥莱-勒-杜克的修复方式具有虚假性,会破坏建筑周围的环境。尽管他也肯定了“重新整合”作为一种科学的修复技术的重要性,但他认为,“重新整合”的目的是修复早期的建造痕迹,无论是在物质上还是在精神上,但是这些干预痕迹也是构成古迹灵魂的一部分,这种干预方式会削弱古迹的独特“灵魂”和生命力,以及它们与当地环境和文化背景之间的联系。在 20 世纪 40 年代,葡萄牙对现代保护意识开始有了新的认识,越来越多的学者也意识到了“风格性修复”的一些负面影响,这种修复方式漠视了遗产的某些历史和文化价值,往往会破坏本就脆弱的建筑原初形态和结构。最终在各方学者的努力下,葡萄牙的修复理念和实践逐渐开始接近《雅典宪章》原则。这也正如劳尔所言,对构成建筑物灵魂的全部要素的维护比恢复风格的统一更为重要。

3.2 葡萄牙建筑遗产保护本土化实践

1835—1925 年,葡萄牙的遗产保护法律和政治体系不太完善,在艺术文化方面它也是欧洲其他国家的追随者,但在各种修复浪潮的影响下,这一时期的葡萄牙仍然积极推进中世纪建筑的修复工作,并且汲取了欧洲其他国家的古迹修复方法,如考古学修复、风格性修复等。在这一时期,官方机构和多个私人协会开始致力于古迹的保护、清点和分类,大量的修复工作得以实施。

19 世纪初,葡萄牙财政状况紧张,不能支撑大规模复杂的建筑保护工程。因此,在修复工作中,人们遵循实用性、代表性和经济性原则,继承前人经验和标准,尽可能减少修复面积和规模,以达到节省人力成本的目的,同时也注重修复成本的控制和经济效益的考虑,以保证修复

---

① 劳尔·利诺(1879—1974)是他那个时代最活跃的葡萄牙建筑师之一。他曾在英国温莎大学和德国汉诺威学院学习,并在葡萄牙的知名鉴赏家豪普特(Haupt)的工作室接受培训。他的作品涵盖 700 多件项目,包括住宅、公共建筑、展览馆等。此外,他还以关于国内建筑的文章(如《葡萄牙小屋》)而著称,并在国家美术协会、国家建筑和纪念物总局等机构中积极参与活动。他与国家建筑和纪念物总局合作长达 13 年,并于 1949 年成为古迹处的处长。他为该机构提供了许多有关纪念物项目的有价值意见,但这些建议未能得到该机构的批准。

工程的可行性和持续性。因此,在这一时期的葡萄牙历史建筑修复项目中,他们以拆除其他时期的附属物为主,在保护建筑历史价值的前提下,尽可能保留原有的材料和结构。

3.2.1　葡萄牙的修复原则

1835—1925年期间,葡萄牙在进行修复时遵循三个重要的指导原则,即功能性、经济性和代表性。这些原则的遵循确保修复工作是实用和经济的,同时又可以保护建筑的历史和文化价值。

功能性指的是确保修复后的建筑物能够实现其预期目的,以更好地满足当地的使用需求。在这一时期的葡萄牙,由于预算限制,实用性优先于美学,因此修复工作的重点是维持建筑物的原有用途和功能,而不是添加新的特色或装饰。经济性,即成本效益,是葡萄牙在这一时期历史建筑修复的另一个关键原则。经济性并不是简单的“廉价”和“低质量”,葡萄牙的财政困难意味着大规模的昂贵修复工作不可行,因此修复方法需要富有创意和高效。修复工作的目标是尽可能减少修复面积和规模,减少劳动力成本,并尽可能使用原有的材料和结构。代表性指保护历史文化建筑的重要性,而选择的主要判断依据是那些最能象征国家身份和民族性格的建筑物。在这一时期的葡萄牙,人们越来越认识到历史建筑作为国家文化和身份认同的重要性,遗产的历史价值成为选择保护对象和确定将要进行工程类型的主要标准之一。因此,修复方法致力于保持建筑物的原有建筑风格和民族特色,同时保留与该建筑历史意义相关的元素。

在葡萄牙这一时期的修复项目历史中,三个原则共同贯穿在修复的整个过程中。这些修复工作不仅保护了许多因内部政权改革而被破坏的重要文化遗产,还促进了这些遗产向当代社会的转型。

从1840年开始,历时半个多世纪的巴塔利亚(Mosteiro da Batalha)修道院①修复工程是葡萄牙建筑修复历史上的重要里程碑。该修复工程说明了代表性原则的意义,旨在保护和维护建筑物的历史和文化价值:在回廊的修复过程中,专注于保留建筑原有的哥特风格。经过修

① 巴塔利亚修道院是由唐-若昂一世(1385—1433)下令建造的,以履行对圣母玛利亚的承诺,作为对卡斯蒂利亚国王在阿尔朱巴罗塔战役(1385)中获胜的回报。正是它作为纪念性建筑的地位和它高质量的哥特式建筑计划(1983年被联合国教科文组织列为世界遗产),巴塔利亚修道院才成为葡萄牙非常著名的纪念物。

复,回廊的独特特色(如精美的石雕和拱门)被完整保留,以保持其历史和文化意义。整个修复工程使巴塔利亚修道院从1834年改革后的毁坏状态变成一个壮美而承载民族精神的建筑。除此之外,葡萄牙在这一时期还从众多的遗产中选出了一些具有代表性的建筑来进行修复,如圣米格尔·杜卡斯特罗(São Miguel do Castelo)[①]教堂、科英布拉旧大教堂、瓜尔达市大教堂、里斯本大教堂等中世纪教堂也都是当时修复的代表作,这些建筑不仅是葡萄牙的重要地标,也是葡萄牙文化和艺术的象征(表2)。

表2 1835—1925年间葡萄牙进行的大型建筑遗产干预项目

名称	年份	修复人	修复内容
巴塔利亚修道院	1840—1926	费尔南多·德·科堡·哥达(Fernando de Cobourg Godard)	1840年,对巴塔利亚的修复保留了哥特和曼努埃尔风格建筑的完整性,抹去了巴洛克的痕迹。除了完全拆除从1552年开始建造的两个回廊和附楼外,也对内部和修道院的外立面进行了调整,使其看起来"哥特"。
圣米格尔堡教堂	1873—1880	马丁斯·萨门托协会(Sociedade Martins Sarmento)	原始的十字拱门被更换,重新开放用于礼拜。
科英布拉旧大教堂	1893—1918	安东尼奥·奥古斯托·冈萨雷斯(António Augusto Gonçalves)	1893年12月,教堂的巴洛克雕刻被拆除。20世纪上半叶,一些瓦片转移到了拉梅戈博物馆。1907年,回廊的面貌发生了改变,拆除了一座庞巴尔风格的建筑。
瓜尔达大教堂	1899—1919	罗森多·卡瓦列(Rosendo Carvalheira)	1899年,教堂经历了大规模的修复和改建,其中包括拆除圣器室,修复中殿的飞扶壁和窗户,重建主立面上的玫瑰窗,拆除高等合唱团,重建首都和残缺的石雕等。同时,教堂内的长椅和讲坛也被拆除。1909年,教堂拆除了小型风琴、讲坛和合唱席。

① 根据传统,葡萄牙第一位国王(1143—1185)多姆·阿方索·恩里克是在吉马良斯的圣米格尔城堡教堂受洗的。正是由于这个原因,这座罗马式小教堂在19世纪受到了高度的推崇。

续表

名称	年份	修复人	修复内容
热罗尼姆斯修道院	1860—1896	阿基里斯·兰博伊斯（Aquiles Rambois）、阿纳尔多·雷东多·阿当斯·贝穆德（Arnaldo Redondo Adães Bermudes）	1882年恢复了回廊的修复工作。1860年至1898年期间经历了几个翻修和建筑项目，所进行的项目包括安装海军博物馆、重新设计二楼的窗户、建造大门和炮塔、增加一个玫瑰窗。
莱里亚城堡	1898	埃内斯托·科罗迪（Ernesto Korrodi）	使用钢筋混凝土进行重建。修缮工作包括建造一个炮台，将塔楼提高约2.5米，并在塔楼的检查门上方重建一个门廊，城堡的材料也被用来为警卫室建造一个门廊。
里斯本大教堂	1899—1911	奥古斯托·福斯奇尼（Augusto Fuschini）	在20世纪上半叶进行的修复中，拆除了教堂中巴洛克时代的附加物和教堂两侧一些建筑，重建了拱顶，修复了窗户，并在建筑上加盖了垛口，希望修建成一个新哥特式风格的复兴主义建筑。1911年之后修复了中央大殿的拱顶、外墙和玫瑰窗，使建筑具有新浪漫主义外观。

随着巴塔利亚修道院修复工作如火如荼地进行，吉马良斯也展开了圣米格尔·杜卡斯特罗教堂的修复工程。（图17）这座教堂是13世纪的小教堂，被认为是吉马良斯市最古老的教堂之一，传说葡萄牙的开国国王也曾在此接受洗礼。然而，长期以来疏于管理，教堂遭受了严重的破坏，到了1870年，教堂已经无法作为教区教堂使用，当地居民失去了礼拜的场所。修复工作在1874年至1880年进行，执行了功能性原则的指导。修复工程共分为三个阶段：首先是修复石墙和屋顶；其次是内部修复，包括铺设新地板和重新粉刷墙壁；最后替换了原始的十字拱门。并且整个修复过程中使用了当地的材料和工人，传统的修复技术也得到了广泛应用，修复完成后，该教堂再次成为重要的社区中心，为当地社区的文化活动提供了场所。[1]

瓜尔达大教堂的修复工作是葡萄牙修复项目中经济性原则突出的

① http://www.monumentos.gov.pt/site/APP_PagesUser/SIPA.aspx?id=1248

例子,工程于20世纪90年代开始,重点针对入口、外墙和屋顶进行了修复。在瓜尔达大教堂的修复过程中,学者们深知保留原有建筑技术和材料对于维护其历史和文化价值的重要性,因此采用传统石灰黏土技术,不仅可以保留原有建筑材料和方法,而且具有良好的成本效益。这种传统的石灰黏土由石灰、沙子和黏土制成,曾经在葡萄牙盛行过几个世纪。工人们使用手工涂抹混合好的石灰黏土,就像几个世纪前的施工方式一样,确保修缮部分与原始建筑完美融合,这样修复后的瓜尔达大教堂完美保留了原有建筑技术的特点。①

图17　圣米格尔·杜卡斯特罗教堂重建前后的样子

总之,功能性、经济性和代表性这三个指导原则在1835—1925年间葡萄牙建筑遗产修复工作中发挥了关键作用。修复工作的开展是为了满足实际需要,降低成本,并尊重每个建筑的文化意义和历史。这种方法确保了遗产建筑被保存下来并适应当代使用,同时保持其独有的特征和文化价值。

3.2.2　葡萄牙建筑遗产保护的实践

始于1840年的巴塔利亚修道院修复项目在葡萄牙建筑遗产修复史上具有非常重要的地位。巴塔利亚修道院的修复历时半个多世纪,经历了多次修复并采用了不同的方式,且每次修复背景和目的都不同。同时这个项目也很好地体现了葡萄牙建筑遗产修复的理念,因此对这个案例进行深入分析能够很好地了解葡萄牙不同时期的修复理念和实践的演变过程。另外,作为葡萄牙目前最重要的世界文化遗产之一,巴塔利亚修道院的修复案例可以为其他文化遗产的保护和修复提供启示和借鉴。

---

① http://www.monumentos.gov.pt/site/app_pagesuser/SIPA.aspx?id=4717

（1）修道院的历史及价值

圣·玛丽亚·达·维多利亚修道院（Mosteiro de Santa Maria da Vitória）又称为“巴塔利亚修道院”。它位于葡萄牙中部的巴塔利亚镇，距离葡萄牙首都里斯本以北约 120 千米。该修道院自 1983 年被联合国教科文组织列为世界遗产，又于 2007 年被推选为葡萄牙七大奇迹之一，是欧洲哥特建筑的最佳典范之一。（图 18）

图 18　巴塔利亚修道院修复前的全景

这座建筑始建于 1385 年，由约翰一世国王委托建造，后来捐赠给圣多明戈斯修道院派驻的修会，直到 1834 年葡萄牙内部政权斗争的结束。随后，这座建筑被赋予皇家陵墓的地位，成为国王约翰一世及其妻子兰开斯特的菲利帕女王，以及他们子孙后代的墓地，包括创始人教堂（Capela do Fundador）和未完成小教堂（Capelas Imperfeitas）[①]，其中还有曼努埃尔一世（King Manuel I）的陵墓。（图 19）

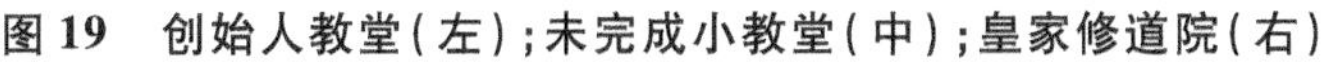

图 19　创始人教堂（左）；未完成小教堂（中）；皇家修道院（右）

① 未完成小教堂提醒人们这个修道院实际上从未完工。它们形成了一个单独的八角形结构，固定在教堂的合唱团上，并且只能从外面进入。它于 1437 年由葡萄牙国王爱德华下令建造，作为他本人和他后代的第二座皇家陵墓。

这座修道院的早期哥特玫瑰花窗设计受到当时英国教堂的影响，包括约克大教堂（York Minster）、坎特伯雷大教堂（Canterbury Cathedral）、温彻斯特大教堂（Winchester Cathedral）等。最初的建造由葡萄牙建筑师阿方索·多明格斯（Afonso Domingues）[①]开始，之后由加泰罗尼亚的大卫·休格特（David Huguet）[②]接手，负责主立面、庭院穹顶、创始人的礼拜堂以及未完成小教堂的雏形设计。接下来的工作由两位曼努埃尔风格的建筑师马特热斯·费尔南德斯（Mateus Fernandes）[③]和迭戈·德·波伊塔卡（Diogo de Boitaca）[④]来负责。其中波伊塔卡还参与了马塞卢修道院、塞图巴尔教堂（Monastery of Jesus in Setúbal）、贝伦修道院（Mosteiro dos Jerónimos）等曼努埃尔风格建筑的早期设计。

1834 年内部政权改革后，巴塔利亚修道院长期处于破败状态，直到 1840 年开始修复，一直持续到 20 世纪。巴塔利亚修道院的修复是葡萄牙建筑修复史上的模范，并成为葡萄牙第一个图文并茂外国出版物的主题。[⑤] 它的修复意义不仅在于纪念物本身的历史和艺术价值，还在于其丰富的历史文献和独特的历史背景。

（2）修道院的破坏

1755 年的地震对巴塔利亚修道院造成了一定的影响，主要是破坏了教堂的彩色玻璃窗，但幸运的是教堂的主体结构并没有受到影响。

---

① 阿方索·多明格斯是第一个已知葡萄牙建筑大师。正是这位建筑师为我们提供了修道院建筑群的概念和总体布局，其中包括教堂、圣器室、回廊和修道院的附属建筑，如会客室、宿舍、厨房和食堂。

② 大卫·休格特是一位出身不明的英国工匠大师，完成了教堂、修道院附属建筑和主门廊的建设。休格特的工作风格与他的前任不同，他引入了创新的建筑和装饰方案，特别是在柱子的装饰上，被葡萄牙诗人亚历山大·赫库拉诺（Alexandre Herculano）誉为不朽的传奇。

③ 马特热斯·费尔南德斯是巴塔利亚最重要的大师之一，在国王曼努埃尔一世统治时期工作，因此是曼努埃尔风格的引入者。

④ 1509 年他在巴塔利亚修道院参与了未完成小教堂的建设，采用石头雕刻的曼努埃尔风格装饰，这种特殊的建筑风格将晚期哥特风格带到了葡萄牙，并将其与早期文艺复兴时期的风格相混合。

⑤ 墨菲是一位有爱尔兰血统的建筑师，他于 1789 年来到葡萄牙，打算绘制巴塔利亚修道院遗址的详细图纸。在伦敦古物学会成员威廉·科尼厄姆的鼓励和赞助下，他曾于 1783 年访问葡萄牙，并带着葡萄牙古迹的图纸返回英国，这些图纸于 1795 年在伦敦出版，将巴塔利亚修道院及其备受推崇的艺术价值传播到整个欧洲。19 世纪，在葡萄牙旅行的外国人中，有相当多的人因为官方原因或作为游客访问了巴塔利亚，他们都提到了墨菲的作品，这表明它的广泛传播和在宣传葡萄牙古迹方面的重要作用。

直到 1810 年至 1811 年间，葡萄牙半岛战争爆发，拿破仑军队摧毁了巴塔利亚修道院建筑群，仅留下零散的墙壁和山墙。（图 20）这场灾难性的战争造成了修道院巨大的损失，数以百计的艺术品和历史文物被焚烧。拿破仑时期的破坏运动旨在促进民族主义，对该修道院的破坏是这场运动的重要事件之一，巴塔利亚修道院的毁坏被视为时代变迁的标志。

图 20　巴塔利亚修道院被烧毁的痕迹

1834 年，葡萄牙内部政权改革结束后，该修道院建筑群被遗弃并长期受到忽视，一度无人问津，沦为废墟。直到 1840 年，一项重大的修复项目被提上议程，并持续到 20 世纪。这个修复项目在复兴该修道院的历史和文化的同时，也重建了大部分建筑群，恢复了拿破仑时期失去的历史和艺术珍品。（图 21）整个修复工程是一项艰巨而重要的工作，为这个历史悠久的修道院注入了新的生命。

图 21　詹姆斯·霍兰（James Holland）画作（1837），
当地妇女在巴塔利亚修道院创始人教堂和未完成小教堂内祈祷

（3）不同时期的修复

尽管当时的葡萄牙处于内忧外患的阶段，但政府依旧启动了巴塔利亚修道院的修复工作，这是葡萄牙第一个明确修复纪念物的案例。这座教堂的修复工作引起了广泛的关注，并在国内外产生了巨大的影响，当时对该教堂进行修复的主要原因是：

① 巴塔利亚修道院与葡萄牙历史上从西班牙独立的阿尔朱巴罗塔战役（1385）有着深厚的历史联系。

② 在葡萄牙民族主义诗人如阿尔梅达·加雷特和亚历山大·赫库拉诺的影响下，巴塔利亚修道院的历史意义得到了提升。

③ 该修道院对于英国的一些学者和建筑师而言具有重要意义，因为该建筑的重要部分是由英国建筑师大卫·哈克特（David Hacket）设计的。此外，该建筑也曾安葬英格兰国王爱德华的孙女——兰开斯特的菲利帕（Philippa）女王。

④ 18 世纪晚期，爱尔兰建筑师詹姆斯·墨菲（1760—1814）进行了广泛的建筑调查，并在英国产生了巨大的反响。

⑤ 国王费尔南多二世（Gotha Koháry）给予了大力支持。1836 年，国王参观了该修道院，对其深为着迷。他设法从葡萄牙政府获得纪念物工程的预算，并推动政府启动修复修道院的项目。表 3 总结了巴塔利亚修道院不同时期的修复内容。

表 3　1840—1900 年期间巴塔利亚修道院干预情况

建筑师	时间	内容
詹姆斯·卡瓦纳·墨菲	18 世纪晚期	进行广泛的建筑调查，对巴塔利亚修道院进行建筑勘测。
路易斯·达·席尔瓦·穆桑霍·德·阿尔布开克	1840—1843	制定干预标准方面发挥了关键作用。采用了“风格性修复”的方法，将历史文献和建筑图表相结合。
卢卡斯·佩雷	1852—1884	对巴塔利亚修道院修复工作进行监督。
穆西尼奥·德·阿尔伯克基（监督）	1843—1852	利用有效的管理方法来管理巴塔利亚修道院的修复工作。
华金·雷贝洛·帕尔哈雷斯（监督）	1852	接替监督工作，强化对所遵循标准和原则的连续性。

18 世纪中期，随着英国哥特风格的复兴，建筑师墨菲前往世界各地寻找哥特风格建筑。1789 年，墨菲在伦敦古物学会成员威廉 · 康宁厄姆（William Conyngham）的支持下前往葡萄牙调研。在经过巴塔拉哈镇时，当地的巴塔利亚修道院引起了他极大的兴趣。墨菲在研究巴塔利亚修道院的过程中发现该建筑受到英国哥特风格的影响。为此，他在那里待了 13 周，深入探究这座建筑的结构和细节。1795 年，墨菲出版了一本名为《葡萄牙埃斯特雷马杜拉省巴塔利亚教堂的平面图、立面图、剖面图和视图》的调查画册。[①]（图 22）该画册详细描述了巴塔利亚修道院的建筑结构，附有哥特建筑原理的介绍性论述和一些图片，当时的葡萄牙学者认为它是对纪念物忠诚可靠的记录，因此在巴塔利亚修道院修复的过程中他们将墨菲的作品视为“修复指南”。（图 23）另外，当时还有一些学者认为，墨菲的作品不仅为纪念物的修复提供了指南，还对巴塔利亚纪念物的国际传播和英国哥特建筑的发展做出了重要贡献。

图 22　墨菲的画册封面及其配图

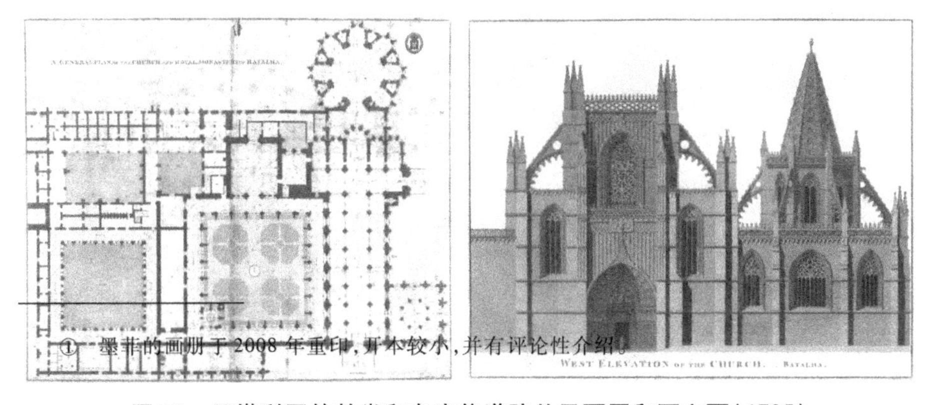

图 23　巴塔利亚的教堂和皇家修道院总平面图和西立面（1795）

① 墨菲的画册于 2008 年重印，开本较小，并有评论性介绍。

在巴塔利亚修道院修复工程启动时,葡萄牙内部并不稳定,同时财政也陷入困境。政府为尽可能地减少开支,招募了大量本地工匠和工程师参与修复工作。此外,在修复阶段,政府减少材料损耗,多使用之前从其他建筑上拆除下来的建材或者性能更好的新材料。针对修复工程管理,政府任命了军事工程师兼公共工程总督察路易斯·达·席尔瓦·穆桑霍·德·阿尔布开克(Luís da Silva Mousinho de Albuquerque)主持工程,尽管他仅在1840—1843年期间主持了修复工作,但其贡献仍然非常重要。一开始,阿尔布开克采用了一种行之有效的管理方法来管理巴塔利亚修道院的修复工作,并撰写了详细的工作报告以及《巴塔利亚纪念建筑的回忆录》等关键文件。这些文件成功地指导了继任者们直至工程完成。(图24)此外,国王费尔南多二世对整个过程的参与确保了阿尔布开克的想法得以持续实施。1844年,费尔南多二世任命建筑师卢卡斯·佩雷(Lucas Pereira)(1802—1884)作为巴塔利亚修道院修复工作的监督。卢卡斯·佩雷负责这项工作长达30多年(1852—1884),一直到去世。此外,从1852年开始到工程结束这一期间,军人华金·雷贝洛·帕尔哈雷斯(Joaquim Rebelo Palhares)还负责了部分监督工作,加强了对所遵循标准和原则的连续性。(图25)

图24　教堂的回廊和从西北方向看回廊和教堂的概貌(1868)

图25　巴塔利亚修道院南立面全景(1867)

巴塔利亚修道院修复工作的最初阶段主要以考古学修复的方式进行。阿尔布开克通过参考历史文献和建筑图表等资料,加深了对巴塔利亚修道院历史的了解,并以此为基础来制订修复方案。工程师们首先修复了建筑的外部,包括加固修复屋顶和露台、更换彩色玻璃和恢复窗户装饰。然后,在参考墨菲画册的基础上,严格考察修道院的原始风格,修复了尖顶、板带、栅格、滴水嘴、扶壁和各种雕塑。此外,他们还通过使用当代材料修补破损的拱顶、柱子和地板,并清理和修复墙上的石雕。在整个修复过程中,阿尔布开克还看到了修道院的历史和艺术价值,并强调了原始碎片的重要性,他希望工人们能够忠实地复制现存的碎片,或者是完整保留原始碎片。因此,那些曾被拆除的处于腐烂状态下的原始建筑碎片虽然被移除了,但是被工程师们认真收集起来并保存,他们留存了大部分被替换下来的雕刻作品,并设想在此基础上创造一个“工程博物馆”,以展示工程使用的工具和材料,类似于意大利锡耶纳大教堂的做法。最后,围绕修道院,阿尔布开克还设计了一个新的教堂墓地,并恢复了教堂的主要入口,这些工作前前后后持续了20多年。(图26)

图 26　修道院广场一侧及修道院的大门(1869)

随着工程的不断推进,源自法国的"风格性修复"理念也对这项工程产生了影响,尤其是其中部分工程师曾流亡到法国数年,对法国的这种修复理念比较了解,因此在巴塔利亚修道院的修复工作中他们开始追随"风格统一"原则。在修复过程中,工程师们发现水的渗透是导致建筑破损的主要原因,为此他们在建筑外立面上设计了一些防水装置。其次,他们坚决拒绝非哥特式建筑风格,努力让建筑恢复到更早期的状态。为了实现这一目标,他们对修道院附属的两个中世纪修道院(皇家修道院和阿方索五世修道院)进行了美化工作,并且还对其他几个16世纪的修道院附属建筑进行了多次拆除和挖掘。随后,他们将两个回廊和附楼完全拆除,还对修道院进行了风格上的"调整",如在有的地方加装栏杆、改变内部结构并更改阿方索五世修道院的外立面,使其更具哥特风格。最后,他们还拆除了中世纪后期增加的几座修道院附属建筑,移除了雕刻的祭坛和壁画,完全消除了该修道院的手法主义和巴洛克痕迹。工程师们认为他们所有这些做法的目的不仅是拒绝修道院时代的遗迹,还凸显了该纪念物的纪念意义和民族主义精神。

19世纪末,巴塔利亚修道院的修复工程即将进入尾声时,葡萄牙工程师们的修复理念在"重新整合"的盛行下也发生了微小的转变。他们开始将历史主义研究方法与技术的"科学"态度进行融合,开展了一场跨学科的研究。在这种理念下,他们将其对修道院的干预看作是一种"整合"工作,为此他们在后期的修复工程中严格按照各种历史文献和调查研究结果进行建造和设计,细致地研究和考察了巴塔利亚修道院各个历史时期的结构和外貌,并非常审慎地开展修复工作。

为了实现这一修复目的,工程师们参考了巴塔利亚修道院各个历史时期的文献。这些文献包括弗里亚尔·路易斯·德·索萨(Friar Luís de Sousa)修士于1623年所写的历史文献,以及1827年修士圣路易斯(São Luís)的作品《关于圣玛丽亚·达·巴塔利亚修道院的历史记忆》。在此基础上,他们拆除了之前进行的一些多余的干预措施,包括门、窗和修道院的回廊以及附属建筑的外立面等。此外,他们将保存状态较好的原始碎片在纪念物上重新定位,以尽可能地展现出建筑物原来的历史风貌。最后修复团队还依靠精确测量、复制等科学技术手段,用不同的材料重新复制受损部分的细节,以便于修复工作的可识别性。(图27)

图27　巴塔利亚修道院修复后的样貌(1930)

这种科学的态度不仅体现了葡萄牙人对巴塔利亚修道院的敬畏,也表明了当时科学方法在遗产修复中的重视。因此,这种方法虽然需要更多的时间和研究,修复团队需要在工作中尊重历史、注重细节,使修复的巴塔利亚修道院得以呈现出其复杂的历史层次和多样的建筑风格,但是它确保了建筑遗产得以完整地保存下来,并为葡萄牙未来的修复工作提供了借鉴。

当修复工作于20世纪初完成时,巴塔利亚修道院已成为一个全新的建筑,同时也成为巴塔利亚哈地区重要的政治和文化场所,是当地人追求信仰、文化和艺术之旅的朝圣之地。如今,巴塔利亚修道院以其华丽、雄伟的建筑和保存完好的历史和文化遗产而成为葡萄牙众多世界文化遗产的代表。

(4) 修复意义和影响

巴塔利亚修道院的修复工作是一个值得铭记的典范,它影响了葡萄牙后来的修复工作,并为研究历史建筑和文化遗产提供了指引。此外，它也成为重要的旅游景点，成为葡萄牙历史文化遗产保护工作的一面旗帜。

从对巴塔利亚修道院的干预过程来看，20 世纪葡萄牙的修复工程主要遵循两种思路：一种是取代旧有的风格，旨在消除中世纪建筑的手法主义和巴洛克的"污染"，如拆除不必要的石雕和一些镀金的祭坛；另一种则优先考虑作品作为历史和美学文献的价值，更倾向于采取保守措施而非修复。在 20 世纪中期，葡萄牙仍然有一些人坚持追求"风格统一"的修复选择，试图按照特定的艺术风格重建建筑，而忽略它们在几个世纪里历史演变的事实。因此，巴塔利亚修道院的修复工程所带来的影响不仅局限于当时，它还促进了葡萄牙后续修复理念的进步和修复技术的发展。

而在今天，建筑遗产修复研究的重要性现在已经毋庸置疑。正如几十年前佩德罗·纳瓦斯库斯·帕拉西奥（Pedro Navascués Palacio）所说，"建筑史无疑是修复建筑的历史"①。只有通过历史分析，考虑建筑随着时间的演变，在中世纪、文艺复兴、巴洛克等不同历史时期的建筑才能被真正和更好地理解。

3.3 葡萄牙建筑遗产的理念转变

18 世纪的文明互鉴将不同类型的干预方法带入葡萄牙视野中：一种是通过增加与艺术作品古老特征不相符的建筑技术、材料和结构体系来延续信仰或民用纪念物；另一种形式的"修复"是使它们符合当时的主流风格品位，从而将现代性赋予那些已被证实为古老的作品，增加其新的艺术价值。

19 世纪，遗产问题的新颖性使葡萄牙官方机构在缺乏文化和技术培训的情况下对葡萄牙的古迹保护和修复感到棘手。此时，欧洲其他国家已经发展出了相当科学和系统的修复方法。葡萄牙此时体现出它强大的包容性，或多或少吸收与借鉴了现代修复的主要理念：英国的浪漫主义与复兴主义通过诗歌传播到了葡萄牙；意大利的考古学修复理

---

① Rosas, L. (2005). The Restoration of Historic Buildings Between 1835 and 1929: The Portuguese Taste. *E-Journal of Portuguese History*, 3(1), 2-3.

念通过重要的修复建筑师席尔瓦在当地得到了践行；葡萄牙又在法国维奥莱-勒-杜克的“风格式修复”基础上提炼出了“重新整合”的修复手法，并将其作为国家纪念物干预理念。

因此，本书介绍了盛行于19世纪欧洲各国的遗产修复理念，并对英国、法国、意大利等国主流的保护、修复理念对葡萄牙遗产干预工作产生的影响进行了分析。在各国理念的影响下，葡萄牙逐渐形成了自己独特的遗产保护理念，其中具有代表性的便是“重新整合”的概念。同时我们又以世界遗产巴塔利亚修道院以及里斯本大教堂为例，对不同时期的干预手法进行了详细的描述，以阐释其修复历程及相应的保护理念和技术的演变。

总的来说，通过对葡萄牙遗产保护理念和实践的探究，我们可以看到，葡萄牙在保护文化遗产方面非常注重历史和文化的传承，采取了多种创新与传统相结合的措施，并在各个历史时期为其建筑遗产注入了新的生命和活力。而葡萄牙世界博览会的诞生和发展则凝聚了葡萄牙人民传承和发扬文化、展示国际形象的共同愿景，同时也打开了葡萄牙建筑遗产保护现代化和国际化的新道路。

第4章　葡萄牙建筑遗产保护体系的建立与国际化

除了修复实践与理论的发展，葡萄牙在保护机构与法律法规的建立上也逐渐走向完善和国际化。1863 年，席尔瓦创立了葡萄牙考古学家协会(RAACAP)①。该协会在 1880 年发布了一份报告，对哪些建筑物应该被视为国家纪念物进行分类并采取措施进行保护，主要分为以下几大类别：著名的建筑和葡萄牙艺术品、对艺术史研究具有重要意义的建筑、军事纪念物、雕塑、纪功柱和凯旋门、史前遗迹。这是葡萄牙首次系统性地选择和确定遗产名录，这些举措和组织的创立为葡萄牙建筑遗产保护奠定了坚实的基础。

1910 年葡萄牙第一共和国成立后②，政府将保护具有历史或艺术价值的文化遗产视为重要任务，并在 1911 年公布了官方纪念物清单。1926 年葡萄牙成立了第二共和国③，新政府在 1929 年设立了第一个官方的文化遗产保护机构——国家建筑和纪念物总局，进一步完善保护体系。1940 年，葡萄牙为世界博览会做准备，扩大了遗产保护理念。到了 20 世纪 50 年代至 60 年代，"波尔图学院"诞生了费尔南多·塔

---

① RAACAP 在创建时被称为"葡萄牙考古学家协会"，后期随着协会的不断壮大，很多土木工程师和建筑学的学者加入进来，1911 年时被更名为"葡萄牙皇家建筑师和考古学家协会"。

② 葡萄牙第一共和国葡萄牙语为 Primeira República Portuguesa。葡萄牙共和国是葡萄牙历史上一个复杂的时期，跨度为从 1910 年 10 月 5 日的君主立宪制结束到 1926 年 5 月 28 日政变之间的 16 年。

③ 自 1926 年 5 月 28 日发生第一共和国的政变后，葡萄牙的政治形势逐渐演变成"国家专政"。历史学家认为，新政府联盟和新国家一起被称为"葡萄牙第二共和国"(葡萄牙语：Segunda República Portuguesa)。新国家政权在很大程度上受保守和专制意识形态的影响，由安东尼奥·德奥利维拉·萨拉查制定，并自 1932 年开始担任部长会议主席，直到 1968 年。

沃拉(Fernando Távora)[1]、卡洛斯·拉莫斯(Carlos Ramos)[2]等多位建筑大师,他们勇于提出多元化理念并进行实践。1974年,葡萄牙迈入第三共和国民主社会时期[3],遗产保护开始进入全新篇章。

4.1　葡萄牙建筑遗产保护体系的建立与完善

4.1.1　遗产立法体系的建立与完善

葡萄牙遗产立法体系的建立和完善是一个漫长而不断发展的过程。1894年2月27日,葡萄牙颁布了第一个与国家纪念物有关的法律《葡萄牙国家纪念物》:"根据该条例规定,所有具有艺术、工业或考古价值并影响了国家发展的建筑物、构筑物、废墟以及艺术品,以及以下项目均为国家利益遗产:(1)见证了国家在各个发展和影响阶段的思想、道德和物质生活方式的历史;(2)纪念和记录国家历史上的重要事件;(3)包括各类巨石遗址,以及在国土范围内发现的民族和文明形成之前留下的痕迹。"[4]

1901年,葡萄牙的公共工程和矿山总局(Direção Geral das Obras Públicas e Minas,简称DGOPM)正式发布了第一个关于建筑遗产的法律框架,并授权由席尔瓦领导的国家纪念物委员会(Conselho dos Monumentos Nacionais,简称CMN)负责对国家纪念物进行分类。同时该法律还规定了纪念物分类的三大标准:历史价值、艺术价值和考古价值。随后,葡萄牙政府于1906年进行了首批国家纪念物的分类工作。[5]1910年6月16日,葡萄牙政府发布的新法令扩大了纪念物的选择范

---

① 全称Fernando Luís Cardoso de Meneses de Tavares e Távora,简称Fernando Távora(1923—2005),是葡萄牙著名建筑师和教授。

② 卡洛斯·拉莫斯(1897—1969)是一位葡萄牙建筑师、城市规划师和教育家。他是葡萄牙建筑现代运动的先驱之一。

③ 葡萄牙第三共和国与1974年4月25日康乃馨革命后建立的现行民主政权相对应。此次革命结束了安东尼奥·德奥利维拉-萨拉查和马塞洛·卡埃塔诺的新国家元首专制政权。此后,该政权给予其非洲殖民地独立,并开始了民主化进程,最终引导葡萄牙于1986年加入欧共体(今天的欧盟)。

④ http://net.fd.ul.pt/legis/1894.htm#

⑤ 这14处分类遗产是:巴塔利亚修道院、热罗尼姆斯修道院、基督修道院、阿尔科巴萨修道院、马夫拉修道院、科英布拉旧大教堂、瓜尔达大教堂、里斯本大教堂、埃武拉大教堂、科英布拉的圣克鲁斯教堂、耶稣之心大教堂、圣文森特塔、罗马神殿遗址和卡尔莫教堂遗址。

围,它规定了纪念物具备的特征并首次明确了"国家纪念物"的概念,即"证明人类开拓葡萄牙领土或纪念其历史重大事件的建筑物"①。然而,一年后这些概念就被修改了,根据1911年5月26日颁布的第1号法令,即使一个建筑物没有达到国家纪念物的标准,只要具备艺术或历史意义,也将受到保护。

1932年3月7日,葡萄牙颁布了第20985号法令,建立了艺术、历史和考古遗产保护制度,并将国家纪念物和公共利益遗产的概念进行了区分。此外,在1940年的6月10日,葡萄牙政府和梵蒂冈签订了《协定》(Santa Sé)。根据这个协定,之前由于内部政权改革而被收为国家遗产的众多建筑重新成为个人或集体的所有物,但那些被列为"国家纪念物"或者"公共利益遗产"的除外。

20世纪80年代是葡萄牙建筑遗产保护历史中具有里程碑意义的时刻。在1985年7月6日颁布的第13/85号法律中,葡萄牙出现了第一部文化遗产基本法,它整合了葡萄牙之前所有与文化遗产相关的法律,并要求将文化遗产保护变成国家政策的一部分。后来又在2001年9月8日发布了107/2001号法律,被称为基本法修订版,该法律确立了文化遗产的概念和保护、维护制度的原则,明确了文化遗产的价值标准,包括记忆、古老、真实、独创性、稀有性、独特性或典型性,此外,该法律还要求将登录和分类作为保护文化遗产的措施。随后,葡萄牙在2009年10月23日发布的第309/2009号法案对2001年的基本法修订版进行了再一次修订,这次修订的主要目标是确立文化遗产分类的程序,规定遗产保护区域的制度,以及如何制订保护详细计划,而这一版也是葡萄牙当前正在使用的遗产保护法。②

葡萄牙对文化遗产保护的立法从20世纪初到现在已经历经了近百年的发展和完善。(表4)这些法规为葡萄牙的文化遗产保护提供了重要的法律保障和指导,对保护和传承葡萄牙的文化遗产具有重大意义。

---

① 国家纪念物应当具有以下特征:(1)标识人类存在的物质元素;(2)纪念人民生活中值得称赞的事件元素;(3)提供关于艺术史信息的元素。

② http://www.culturanorte.pt/fotos/editor2/formulario_instrucao_do_processo_de_classificacao.pdf

表 4　葡萄牙自 1894 年至今与遗产保护有关的法律

时间	法律	对遗产的影响
1894 年 2 月 27 日	葡萄牙国家纪念物	首次对国家古迹进行了法律定义。
1910 年 6 月 16 日	法令	扩大了遗产的概念，明确了“国家纪念物”的定义。
1911 年 5 月 26 日	第 1 号法令	具备艺术或历史意义的遗产也将受到保护。
1932 年 3 月 7 日	第 20.985 号法令	建立了艺术、历史和考古遗产保护制度，区分了国家纪念物和公共利益遗产。
1936 年 11 月 18 日	第 21.885 号法令	规定了建筑遗产的保护区域，并对其区域进行了划分。
1940 年 6 月 10 日	教廷协定	葡萄牙的教堂重新成为个人或集体的所有物，部分除外。
1949 年 6 月 11 日	第 2.032 号法令	允许市政府有关机构合作进行遗产保护。
1955 年 11 月 22 日	第 40.388 号法令	将遗产保护法律体系扩展到其他公共利益建筑或其他建筑，以使其自身性质或重要性得到保护。
1975 年 8 月 2 日	第 409/75 号法令	文化国务秘书处（SEC）成立，并将其下属的文化遗产总局进行重整。
1979 年 12 月 21 日	第 498B/79 号法令	文化和科学部成立，该部门下设文化国务秘书处，并将文化遗产总局转交给文化国务秘书处管理。
1980 年 4 月 3 日	第 59/80 号法令	文化国务秘书处再次成为总理府的机构。
1980 年 8 月 2 日	第 34/80 号法令	葡萄牙文化遗产研究所的职责和任务得到进一步规定，其职责包括负责管理不可移动文化遗产、图书馆、档案和博物馆。
1985 年 7 月 6 日	第 13/85 号法令	出台了第一部《文化遗产基本法》。
2001 年 9 月 8 日	第 107/2001 号法令	确立了文化遗产的政策和保护、维护制度的原则。
2009 年 6 月 15 日	第 139/2009 号法令	建立保护非物质遗产的法律制度。
2009 年 10 月 23 日	第 309/2009 号法令	对 2001 年的基本法进行了规范。
2010 年 5 月 5 日	第 7931 / 2010 法令	规定了不可移动遗产分类程序的申请模板。

4.1.2 国家建筑和纪念物总局的发展与实践

葡萄牙第二共和国正式成立后，新政府于1929年4月30日成立了国家建筑和纪念物总局，这是葡萄牙第一个官方的遗产保护部门。国家建筑和纪念物总局致力于保护国家纪念物，主要负责以下工作：国家古迹和宫殿的维修、保护和修复，实施和监督这些工程，更新分类建筑的清单、名目、图表档案等。除此之外，国家建筑和纪念物总局还与艺术和考古委员会合作，为建筑遗产的保护建立了新的标准，具体包括：(1) 以真正的爱国精神去修复和保护国家纪念物；(2) 恢复纪念物的原始美感，清除其后来的表面层积，修复由于时间的作用或人类的破坏行为而造成的残损；(3) 经过明确界定的具有艺术价值的现有建筑应得到维护和修复。

国家建筑和纪念物总局很快开始为新政府提供服务，他们选择了多个纪念物进行干预，主要干预对象是那些代表国家历史的建筑，如城堡、大教堂、修道院、宫殿等，这些纪念物有效地展示了葡萄牙曾经的辉煌。同时新政府认为多个时期的干预痕迹和附加物会破坏建筑遗产的特色，应将建筑物恢复到最初的状态。因此，最开始国家建筑和纪念物总局的主要修复实践是基于"风格性修复"的理念来展开的，包括内部拆除、消除障碍、平整地面、加固和修复等。此时国家建筑和纪念物总局的干预是在追求某个历史时期艺术表现上的"风格统一"：抹去建筑物自然演变的历史痕迹，重新修建建筑物，使其达到某个历史时期的完美状态。尽管这种基于维奥莱-勒-杜克的"风格统一"的干预方法在欧洲早已过时，但国家建筑和纪念物总局仍然选择该方法作为行动指南，完全忽视了当时欧洲盛行的《雅典宪章》的要求。

在新政府的支持下众多修复项目在这一时期火热进行中，同时国家建筑和纪念物总局内部也涌现了许多出色的人物，如巴尔塔扎尔·达·席尔瓦·卡斯特罗(Baltazar da Silva Castro)①和罗热里奥·德·阿

① 1916年，他在波尔图完成了工业工程、建筑、土木建筑、历史设计和纪念物雕塑的学业。从1919年开始，他在公共工程部从事公共建筑工地和纪念物的工作，并于1939年整合了国家建筑和纪念物总局，为此他进行了大量的修复干预。1936年，他被任命为该机构的负责人，在那些年里，他是国家建筑和纪念物总局方法论的主要技术和理论领导者之一。

泽维多(Rogério de Azevedo)①。而里斯本大教堂(1930—1940)、圣佩德罗德拉特斯教堂(1930—1940)、圣费因斯弗里斯塔修道院(1933—1938)和吉马良斯总督官邸(1937—1959)的修复也成为该时期的代表工程。其中卢罗萨教区教堂(Matriz de Loourosa)②的修复是国家建筑和纪念物总局最典型的建筑干预项目之一(图28):国家建筑和纪念物总局对该教堂的内部和立面进行了重新设计,同时改变了其周围环境,如将钟楼移到了教堂后面,并且拆除了所有雕刻的祭坛、唱诗班和新建造的小教堂(图29)。

图28　1930年之前与1934年修复之后的教堂内部视图

图29　教堂钟楼移除前(1929)和移除后(1934)

随着时间的推进,国家建筑和纪念物总局的干预政策引起了越来

① 罗热里奥·德·阿泽维多(1898—1983)毕业于波尔图建筑学院(Escola Superior de Belas Artes do Porto)。他先后担任葡萄牙建筑师协会北区主席和波尔图市政委员会成员,同时撰写了大量有关建筑的作品。他曾在国家建筑和纪念物总局的北部地区工作,于1936年担任该地区的主任。

② 卢罗萨教区教堂是一座建于葡萄牙王国诞生前的教堂,供奉使徒圣彼得。

越多人的质疑。其中议员迪奥戈·帕切科·阿莫林(Diogo Pacheco Amorim)和建筑师劳尔·利诺(图30)最先发表了对国家建筑和纪念物总局干预行为的反对意见,他们坚持维护建筑遗产的历史真实性,认为国家建筑和纪念物总局这种危险的干预理念已经导致了巨大的艺术灾难。但国家建筑和纪念物总局内部的其他人员并不太赞同这两人的理念,他们更喜欢依靠经验主义和个人感性认知来完成实践项目,而不是学术理论。

图30　迪奥戈·帕切科·阿莫林(左)、劳尔·利诺(右)

1949年,劳尔·利诺成功当选为国家建筑和纪念物总局局长,凭借其雄厚理论功底,他开始制定国家建筑和纪念物总局新的干预原则。此外,他还积极推动国家建筑和纪念物总局机构与国际上的其他文化机构交流,如国际城堡研究中心(Internationales Burgentorschungs Institut)等,这对葡萄牙修复技术人员接触国际保护理念起到了积极作用。自20世纪60年代开始,葡萄牙逐渐在国际上扮演着重要角色。1964年,国家建筑和纪念物总局成员卢伊斯·贝纳文特(Luís Benavente)[①]参加了在威尼斯举办的国际建筑师和历史古迹技术人员大会,还参与了《威尼

---

① 卢伊斯·贝纳文特(1902—1992)1930年毕业于波尔图美术学院,并完成了众多重要项目,其中包括位于里斯本的拜罗·达·马德里·迪·德乌斯街区、阿罗约斯市场,以及吉马良斯的法院和中学。他曾在国家建筑和纪念物总局工作,负责修复工程,包括里斯本的福斯宫、辛特拉的瑟特艾斯酒店,以及科英布拉大学的历史建筑等。此外,他还于1948年负责梵蒂冈圣尤吉尼乌斯大教堂的工程。1949年,他开始了一次欧洲之旅,意在了解修复和保护领域的最新实践,并拓展联系,这使得他能够积极参与1964年威尼斯大会,并参与起草相关宪章。

斯宪章》的起草工作，在大会中国家建筑和纪念物总局还展示了正在进行中的修复工作。这次参加威尼斯大会的经历开启了葡萄牙建筑遗产保护的一个新时代，政府开始真正理解并认可每个建筑的不同历史时期都有平等的价值，并注重保护古迹和历史环境的珍贵意义。

随着《威尼斯宪章》的颁布，国家建筑和纪念物总局也逐渐放弃了基于"风格统一"原则的激进修复理念，开始将全球保护理念充分融合其中。到了1990年，国家建筑和纪念物总局的保护行为已经得到科学方法的支持，并形成相对成熟的工作方法和流程。他们遵循着国际预防性保护和综合保护原则，通过科学跨学科的方法进行行动，并将保护工作看作对当代文化价值、经济价值和社会价值的维护。

4.2 近现代葡萄牙建筑遗产保护的重要人物及实践

1940年，葡萄牙成功举办了"世界博览会"，加深了葡萄牙与欧洲各国之间的文化和经济交流。在这样的背景下，葡萄牙涌现出了许多有才华的建筑师，特别是在波尔图美术学院这样一个充满活力的地方。这些建筑师们在设计中吸取了许多外来文化的精华，并将其与本土文化相融合，展开了一系列实践，其中较为著名的是费尔南多·塔沃拉和他的波尔图学派。

1945年11月10日，22岁的费尔南多·塔沃拉在名为《周刊》(*Semanávio Aléo*)上发表了题为《葡萄牙住宅的问题》的文章，这篇文章标志着塔沃拉在接下来的十年里即将开启一个新理论建构的旅程，同时这篇文章中体现了波尔图学派(图31)最初的思想：在思考现在的同时向过去学习。1958年，塔沃拉接受波尔图美术学院校长卡洛斯·拉莫斯的邀请，加入了学院的教师团队。他全心致力于改革波尔图美术学院的建筑学教育，并在他的塔沃拉工作室(后来成为波尔图学派的根据地)培养了一批国际知名的葡萄牙建筑师，其中包括阿尔瓦罗·西扎(Álvaro Siza)、埃德瓦尔多·苏托·德·莫拉(Eduardo Souto de Moura)等人。

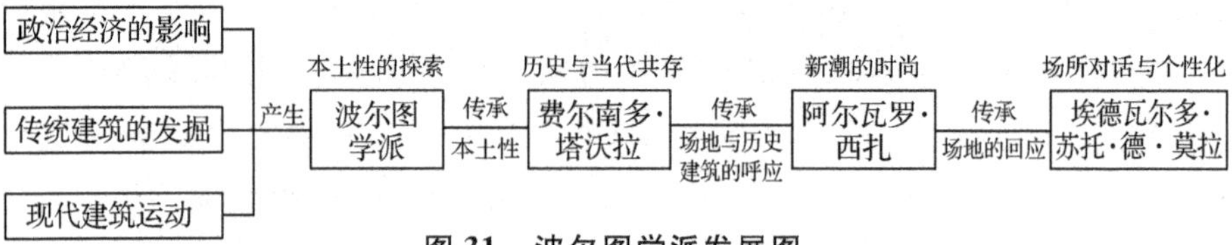

政治经济的影响
传统建筑的发掘
现代建筑运动
产生
本土性的探索
波尔图学派
传承
本土性
历史与当代共存
费尔南多·塔沃拉
传承
场地与历史建筑的呼应
新潮的时尚
阿尔瓦罗·西扎
传承
场地的回应
场所对话与个性化
埃德瓦尔多·苏托·德·莫拉

图 31　波尔图学派发展图

塔沃拉在波尔图美术学院教学期间除了教授遗产相关的理论知识之外，还积极带领他的波尔图学派展开各种实践，以扩大葡萄牙遗产的概念和认知范畴，发现更多的价值。为此他们开始调查葡萄牙境内的风土建筑，并在1955年至1960年期间进行了一项名为“葡萄牙风土建筑调查”（Inquérito à Arquitectura Popular em Portugal）的项目，以了解葡萄牙传统建筑的类型和其中蕴含的民族个性。该研究对整个葡萄牙的农村建筑进行了调研和测绘，在调查过程中他们认识到了以前被忽视的、相对朴素的风土建筑的价值，并提出保护这些建筑的必要性。同时该项研究也表达了对国家建筑和纪念物总局提倡的国家纪念物的陈旧观念的不满，波尔图学派成员认为葡萄牙不是只有一种类型葡萄牙建筑，而是存在多元化的建筑风格。

在风土建筑调查项目中，波尔图学派将葡萄牙由北到南分为六个地理区域米尼奥（Minho）、山后（Trás-os-Montes）、贝拉（Beiras）、埃斯特雷马杜拉（Estremadura）、阿连特茹（Alentejo）、阿尔加维（Algarve），并为每个区域分配了一个研究团队，由一名经验丰富的建筑师和两名年轻的学者组成。这些团队拍摄了约1万张照片，绘制了数百张图纸，并撰写了数千份书面记录（图32）。基于这些丰富的材料，他们编写了《葡萄牙风土建筑》一书，该书于1961年分两卷出版，之后多次再版。随着时间的推移，葡萄牙建筑发生了深刻变革，使得这些收集的材料具有无法估量和独特的价值。

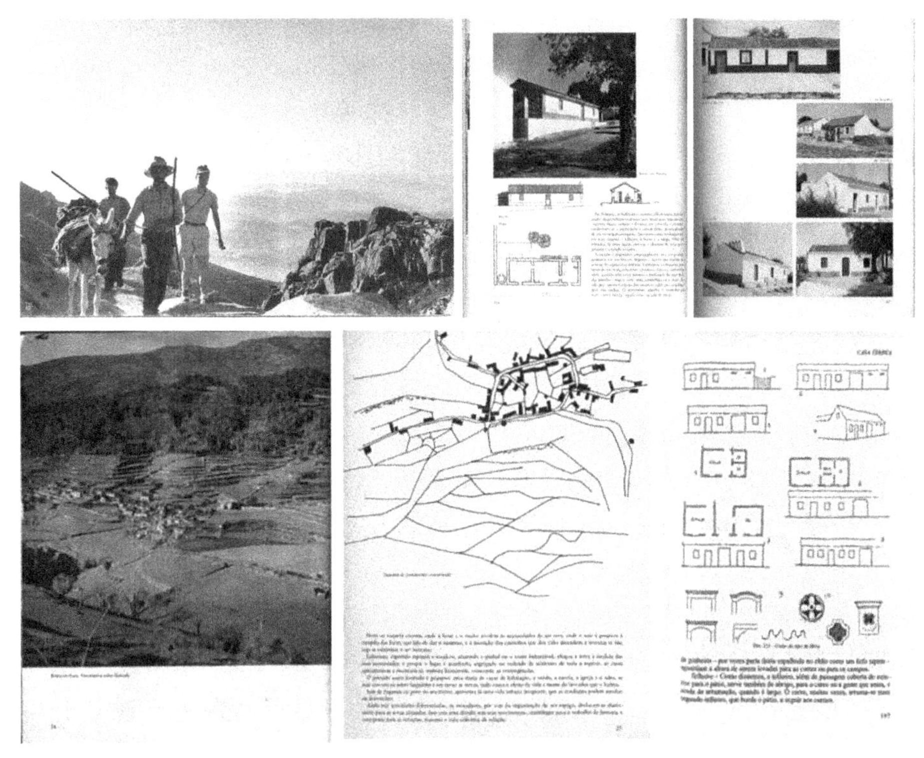

图32　葡萄牙的民间调研

在《葡萄牙风土建筑》中，葡萄牙民间建筑调查项目通过人类学和类型学的方法，调研了涵盖地质地貌、气候景观、人口产业构成、城镇区位、典型村镇平面、典型建筑平立剖面及空间形态、典型细部材料构造及装饰艺术、典型建造技艺、建筑类型学归纳等内容。这些第一手的资料加上现场感受启发了他们后来作品形式风格的形成。调查发现，风土建筑的多样性不同于像巴洛克这种古典的国际风格，由于气候、土壤、植被、民族、文化、习惯等因素的影响，相距不远的两个村庄的建筑差异比不同国家主流建筑的风格差异更大。他们也意识到诸如巴洛克的国际风格是如何被地域现实条件驯服改造后加以运用的。另外，他们还发现，风土建筑纯粹的形式往往因其对环境、气候、文化的直接反映而具有强烈的表现力。这启示他们要进行反思，城市建筑往往由于妥协与折中而形成复杂形式，这导致了平庸与缺乏表现力。他们重新发现了葡萄牙建筑形式简洁的传统，并且将其与外来的现代主义的几何形式语言进行融合与再创造。

虽然葡萄牙风土建筑调查项目是一项专门研究葡萄牙传统民间建

筑的调查，其主要研究的是民间建筑，但它对葡萄牙建筑的发展产生了巨大影响。这次调研为现代建筑和葡萄牙风土建筑之间的新形式对话开辟了道路，激发了波尔图学派以及塔沃拉等建筑师未来的创作灵感。而这些新的建筑思想和风格的涌现引领了葡萄牙新一代的建筑设计潮流，将葡萄牙的建筑设计推向一个全新的高度。

此外，在1951年至1959年期间，塔沃拉还代表葡萄牙参加了国际现代建筑协会（CIAM）活动，在那里他接触到了柯布西耶等现代主义国际大师和当时国际的主流思想。随后在对现代主义运动进行批判性反思的过程中，塔沃拉开始探索葡萄牙地域建筑文化，他认可约翰·拉斯金的价值观"建筑就像地方的灵性"，因此提出了一种传统与现代相结合的设计路径，将建筑与场所紧密联系。这种方法基于对场所和文化历史的深入了解，通过仔细的分析和创造性的反思来决定干预方案，这些方案包括：保留、改造或增加新元素，具体取决于情况的特定性和建筑的复杂程度，并需要精心整合新旧建筑。塔沃拉在此方面强调，遗产不仅仅是前辈们遗留下来的，它是一个持续而集体的创造过程。干预本身（修复行为）必须是一种创造性的行为，而非例行公事或个人任性行为。

除了提出不同类型的干预方式，塔沃拉还对纪念物概念的扩展做出了重要贡献。他特别关注城市中的分散建筑和较小的住宅区，因此认为"纪念物"的概念应该被重新审视，"纪念物"应该超越只包含知名历史建筑的范畴，将更广阔的环境和更普通的建筑物包含其中。同时作为葡萄牙建筑教育的重要推动者和对建筑遗产进行重要干预的建筑师，塔沃拉将自己理念体现在由他参与的许多重要项目中，如巴雷多城市重建计划（Plano Para a Renovaçãourbana do Barredo）、圣马琳娜达科斯塔修道院的修复（Soares dos Reis）、吉马良斯历史城市更新（Centro Storico di Guimarães）、雷佛乌什修道院的修复（Convento di Refóios do Lima）以及波尔图若阿雷斯博物馆的更新（Porto, il Museo Soares dos Reis）和"二十四宫"（Casa dos 24）等项目。

在塔沃拉进行的众多建筑修复项目中，有两个非常具有代表性。

首先是位于吉马良斯历史中心的科斯塔修道院改造项目[①],它代表了葡萄牙修复文化的转折点(图33)。因为该项目引入了新的方法来处理新旧建筑之间的关系:塔沃拉拒绝了由国家建筑和纪念物总局提出的在现有结构中植入一个新建筑的提议,相反,他在修复了修道院原有结构的同时还增加了一种现代的新形式。在这里,修复是基于仔细研究该建筑群的历史、考古和建筑的演变历程,从而将建筑的历史进行延伸,而这个"新"的形式和材料则是以现代的"幕墙"与旧有建筑进行谐调的融合,通过类比当地传统建筑的立面主题来实现的。塔沃拉认为,项目采用的总体标准是"在延续创新",即通过保留和重申最具代表性的空间或创建由新项目要求的使用空间,为建筑的长期生命做出贡献。因此,他们想通过强调亲和力和连续性来建立对话,而不是通过追求差异和破裂来建立对话。

图33　科斯塔修道院干预前后的样子

同样的态度还体现在"二十四宫"项目中。1995年,塔沃拉负责将烧毁的波尔图市政厅(Casa da Camara)进行重建[②],并将该项目命名为"二十四宫"。在这个项目中,塔沃拉注重建筑与环境间的关系,保护城市历史完整性,因此在设计中塔沃拉试图塑造建筑与环境之间的和谐关系,重现消失的城市天际线,与旁边的波尔图大教堂相呼应。塔沃拉在修复市政厅时选择保留原有废墟结构,将与大教堂相邻近的旧墙体作为建筑最高点,并在废墟上覆盖一个宽度与旧墙体相同的钢筋混

① 1951年修道院的南翼被大火完全烧毁,因此进行了重大的改造,包括将回廊的侧翼向南和向西延伸;1977年根据建筑师塔沃拉的建议开始对修道院进行改造,使之成为一个旅馆;1985年该建筑被移交给旅游总局并开始启用。

② 波尔图前市政厅建于14世纪50年代中期,被认为是第一个市政厅,直到17世纪末葡萄牙城市24个行会的代表都在这里开会,1895年被大火烧毁。

凝土结构。同时,他还将建筑的立面设计成玻璃墙面,外覆花岗岩板使之与大教堂呈同色,用以表明新元素与旧石墙相互映射。该项目的整个设计意图是想建立一个体现过去与现代融为一体但又泾渭分明的纪念物——唤醒过去在当代的存在。因此,该项目完成后,"二十四宫"成为一个波尔图的城市地标,塔沃拉在实现了历史重建的同时,也展现了现代精神(图 34)。

图 34 "二十四宫"完成前与现状照片

塔沃拉和他的作品充分体现出对历史的重视,他将新的创造性价值融入建筑空间,既保护了历史遗产,又使它们得以与现代共存。而塔沃拉的创作理念和对历史遗产的处理深深影响了这一时代的葡萄牙建筑师,尤其是他的学生阿瓦罗·西扎(图 35)。塔沃拉曾与西扎一起进行了一系列的遗产保护工作。这导致西扎对遗产的干预理念与塔沃拉的非常相似。

图 35a 塔沃拉

图 35b 西扎

图 35c 塔沃拉(左)和西扎(右)在研讨改造方案(2003)

4.3　葡萄牙建筑遗产保护的国际化进程

自 20 世纪 60 年代起，葡萄牙一直密切关注国际上遗产保护理念的发展，并将这些理念转化为葡萄牙国际化进程中的重要因素。例如：

（1）葡萄牙代表出席了 1930 年和 1933 年的雅典会议和国际现代建筑大会。

（2）葡萄牙 1964 年参与了《威尼斯宪章》的起草工作，于 1967 年加入了国际文化遗产保护与修复研究中心（ICCROM）。

（3）1974 年革命后，葡萄牙批准了《巴黎公约》（1975）、《世界遗产公约》（1979）和《格拉纳达公约》（1991）。

（4）1982 年创建了国际古迹遗址理事会（ICOMOS）的葡萄牙委员会。

（5）此外，自 20 世纪 90 年代初起，葡萄牙开始主办有关“世界遗产和历史中心复兴”主题的国际会议和研讨会。

这些举措表明，葡萄牙对遗产及其建成环境的保护高度重视，并在国际上起到了重要作用。

当 1964 年《威尼斯宪章》出台后，联合国教科文组织和国际古迹遗址理事会形成了许多保护宪章、指南，包括将“历史古迹”重新定义为“纪念物”和“遗址”，并将遗产的概念扩大到包括花园、景观、环境等领域。随着“城市化”和“可持续性”概念的发展，遗产保护也不断演变和扩展。在国际社会的努力下，许多新的宪章和国际公约被判定出来并不断推动着遗产保护的发展。表 5 列举了葡萄牙在国际遗产保护方面的里程碑。

表 5　遗产保护的关键时刻——国际发展和葡萄牙的重要节点

时间	国际上	葡萄牙
1902	卢卡·贝尔特拉米(Luca Beltroni)提出历史性修复。	葡萄牙建筑师协会成立。
1904	《马德里会议》建议,应该保护已死亡的纪念物,继续使用活着的纪念物。	
1909	阿洛伊斯·里格尔(Alois Riegl)在《纪念物的现代崇拜》中提出年代、衰败和价值的概念。	
1910		6月16日法令确立国家纪念物概念。 10月5日共和国成立,葡萄牙考古学家协会成立。
1911		颁布政教分离法。
1914—1918	第一次世界大战爆发与结束。	葡萄牙加入盟国。
1919	联合国成立,国际文化问题在此平台讨论。	创建了葡萄牙公共教育部和美术委员会。 提升埃武拉协会(Pro-Évora Group)成立。
1921—1922		提升埃武拉协会修复埃武拉大教堂。
1929	古斯塔夫·乔分诺尼(Gustavo Giovannoni)提出纪念物修复的标准,制定《意大利修复宪章》。	国家建筑和纪念物总局成立。
1930	召开保护艺术和历史古迹国际会议——雅典会议,提出《雅典宪章》。	
1931		葡萄牙全国联盟第一次代表大会(The 1st Congress of the National Union)确定了葡萄牙古迹修复的基础。

续表

时间	国际上	葡萄牙
1932		第20985号法令规定了建筑物的等级:国家利益遗产和公共利益遗产。
1933	国际现代建筑大会(CIAM)成立。	
1935		国家建筑和纪念物总局发布第一期公告。
1936	西班牙内战(1936—1939)爆发。	
1937		国家建筑和纪念物总局修复埃沃拉大教堂(1937—1940)。
1939—1945	第二次世界大战爆发。	葡萄牙在冲突中保持中立。
1940		召开葡萄牙世界展览会。
1941	《雅典宪章》出版。	
1945	国际博物馆理事会(ICOM)成立。	
1947		技术高级研究所(Technical Advanced Institute)举办展览会,纪念萨拉查政府工程项目15周年。
1949		第2032号法律规定了建筑清单的第三级——市政利益遗产。
1953	在意大利罗马成立国际文化遗产保护和修复研究中心(ICCROM)。	
1954	《海牙公约》颁布,要求保护武装冲突中的文化遗产。 《巴黎公约》定义了欧洲文化遗产。	葡萄牙签署了《海牙公约》,但直到2000年才批准。
1957	第一届历史古迹建筑师和技师国际会议在法国巴黎召开。	英国女王访问葡萄牙,几个纪念物得到了修复。
1960	欧洲委员会设立了纪念物和遗址委员会。	纪念唐·亨里克(D. Henrique)逝世500周年,修复与发现与其历史相关的遗产。

续表

时间	国际上	葡萄牙
1964	第二届历史古迹建筑师和技师国际会议在意大利埃尼斯召开，提出《威尼斯宪章》——国际古迹和遗址保护和修复宪章。	葡萄牙签署了《维也纳宪章》，颁布了第46349号法令，为列出的遗产创建保护缓冲区(ZEP)。
1965	国际古迹遗址理事会(ICOMOS)成立。	国际布尔根研究所(IBI)第九次科学会议在维塞乌召开，提出《维也纳宪章》适用于城堡的修复。
1967		葡萄牙加入国际文化遗产保护和修复研究中心。
1971	在南斯拉夫，提出关于欧洲历史名胜城市的宣言《斯普利特宣言》。	
1972	《世界遗产公约》11月23日在巴黎签署，提出关于保护世界文化和自然遗产的建议。	
1974		4月25日革命爆发。
1975	《阿姆斯特丹宪章》提出欧洲建筑遗产概念。	葡萄牙批准1954年《巴黎公约》(D 717)。
1976	联合国教科文组织会议提出关于历史地区的保护和当代作用——《内罗毕宣言》。	
1978	国际古迹遗址理事会确定城市保护原则。	
1979	国际古迹遗址理事会在澳大利亚公布《巴拉宪章》。	葡萄牙批准了《世界遗产公约》(DL 49)。
1982	成立国际古迹遗址理事会葡萄牙委员会	
1985	《格拉纳达公约》提出保护欧洲建筑遗产。	葡萄牙文化遗产第13/85号法律颁布。创建葡萄牙文化遗产研究所(后来的葡萄牙建筑和考古遗产研究所)。
1987	国际古迹遗址理事会颁布《华盛顿历史城镇和城区保护宪章》(城市保护指南)。	

续表

时间	国际上	葡萄牙
1991	加拿大魁北克召开第一届世界遗产城市国际研讨会，主题为“在变革时期保护历史城市群”，会议颁布《历史城镇管理指南》。	葡萄牙批准了《格拉纳达公约》（第5/91号决定）。
1992	世界遗产中心成立。	
1993	加拿大魁北克世界遗产城市组织（OWHC）基金会成立。并颁布了国际文化遗产保护和修复研究中心世界文化遗产管理指南。	葡萄牙城市规划师协会（AUP）成立。 里斯本召开国际会议，主题为“历史中心修复及其动态”。
1994	日本《奈良真实性文件》颁布。	国家建筑和纪念物总局开始编辑和出版杂志《纪念物》（*MONUMENTOS*）。
1995	世界遗产国际青年论坛召开。 第二届世界遗产城市组织（OWHC）成员国大会在挪威卑尔根召开，并颁布《卑尔根协议》，将9月8日选为“世界遗产日”。	
1996	国际古迹遗址理事会第11届成员国大会召开，主题为“遗产与社会变革”。	吉马良斯历史中心获得托莱多基金会的认可和赞助。
1997	联合国教科文组织国际古迹遗址理事会第12届成员国大会在墨西哥召开，主题为“遗产的良好利用，遗产与发展”。	波尔图历史中心修复专家国际会议召开。 召开第三届世界遗产城市组织大会，主题为“葡萄牙埃沃拉：旅游业，不同的视角和机会”。

4.3.1　葡萄牙世界博览会

1940年6月23日至12月2日，葡萄牙在里斯本举办了规模盛大的世界展览会——“葡萄牙世界博览会”（Exposicao do Mundo Portugues）。此次展览主要是为了庆祝葡萄牙的两个著名历史事件：1140年的建国和1640年从西班牙手中恢复独立。同时此次活动也是为了展示葡萄牙的优势，强调该国对世界文化和经济的影响，并积极宣传葡萄牙在殖民、贸易和探险方面的成就。

此次活动是一个全球性的展览，吸引了来自世界各地的参观者，与

1939年纽约世界贸易博览会相当。葡萄牙希望通过这次展览吸引大量人才、投资和国际关注，进一步扩大葡萄牙的贸易和政治影响力。此外，该展览还为葡萄牙人提供了了解世界其他国家文化和艺术的机会，有益于葡萄牙与其他国家之间的文化和经济交流与合作。这次世界博览会展出了来自葡萄牙所有殖民地的展品和艺术品，包括珍贵的文物、手工艺品以及描述殖民地生活的照片等，此外葡萄牙还积极展示了在文化和艺术领域的项目。

这场世界博览会的举办地点位于里斯本的贝伦教区，这也是贝伦教区当时最重要的盛事，而为了迎接这一国际化活动，政府重新规划了整个区域的空间结构，对城市整体的布局产生了深远影响。他们拆除了中心区的所有民用建筑，修建了现在的帝国广场（Praça do Império），并且把贝伦塔周围的居民区开发成为一个休闲区域，建造了众多公共设施（图36）。而选址贝伦教区的主要原因除了它是葡萄牙政治、历史和文化的核心外，还因为该区域拥有许多重要的纪念性建筑群。本次世界博览会的主要展览区域从热罗尼姆斯修道院延伸到贝伦塔，整个片区沿着印度大道、铁路和宽阔广场布置，主要展馆位于帝国广场周围，以纪念喷泉为中心形成一个四边形。其中科蒂内利·特尔莫（Cottinelli Telmo）设计的葡萄牙馆位于广场的西侧，而里斯本馆则位于广场的东侧，由克里斯蒂诺·达·席尔瓦设计。这些展馆与河流垂直相连，并通过印度大道和铁路进行分隔，展馆中还有一艘17世纪至18世纪的葡萄牙帆船的复制品“葡萄牙船”作为象征元素。

此外，葡萄牙的这次世界博览会也为展示本国的建筑遗产的干预实践提供了舞台。尤其是那些位于贝伦教区的著名历史建筑群，如贝伦塔、热罗尼姆斯修道院等，这些建筑都是代表葡萄牙文化和历史的经典之作。在这次盛会中，葡萄牙政府将这两座建筑作为主要的文化展厅，揭示了葡萄牙自曼努埃尔时期以来的恢宏历史和建筑干预痕迹，还将部分空间改建成各种博物馆来进行展示。这些建筑的干预痕迹也是葡萄牙在欧洲各国的影响下开始采用的多元化干预方式来对本国重要建筑进行修复的实例，从而形成独特的建筑风格，吸引了众多学者和游客前往，这种展示也令许多国际观众开始注目葡萄牙的文化艺术。葡萄牙世界博览会之后，在那些负责国家遗产保护的机构与当地民众的积极努力下，贝伦教区的那些重要建筑遗产也逐渐被国际所重视。1983年，联合国教科文组织将热罗尼姆斯修道院、贝伦塔等古迹列入了世界遗产名录，它们成为葡萄牙第一批被列入世界遗产的纪念物。

总的来说，通过这场世界博览会，葡萄牙积极向世界展示了自己的文化、艺术和政治实力以及国际地位，同时还展现出自己作为一个具有深厚历史和文化底蕴的国家对当代建筑遗产保护所做出的贡献。

图 36　被改造后的贝伦教区

4.3.2 《里斯本宪章》的历史意义和贡献

1964 年的《威尼斯宪章》将修复概念扩展到历史城市中心等保护区，并建议全球建立遗产保护立法。紧随其后，欧洲国家出台了遗产保护章程和公约。1975 年，欧洲委员会第一次提出了促进历史建筑环境整体保护的章程，名为《欧洲建筑遗产宪章》，10 年后，欧洲委员会提出了“综合保护”的概念，并将其纳入《欧洲保护建筑遗产公约》（又称《格拉纳达公约》）中。综合保护意味着让建筑和遗址不仅发挥历史价值，还能在现代生活中发挥功能，这一原则随后在 1987 年的古迹遗址理事会大会上得到再次强调，并以《华盛顿宪章》的形式出台。葡萄牙文化遗产部门也在此时积极开展了城市遗产保护行动，并从 20 世纪 90 年代初开始，频繁举办有关世界遗产和历史中心修复的国际会议。

这一时期，巴西的一些城市也对里斯本历史城市复兴的经验表现出极大的兴趣，这促使 1993 年 3 月里斯本举行了第一次城市复兴会议。该会议旨在分享城市复兴的最佳实践，并探讨如何将这些实践应用到巴西的城市中。同年，葡萄牙文化遗产部门召开了国际研讨会，会议以城市综合恢复为主题，并在会上宣布成立"城市综合恢复国际联盟"，致力于城市复兴的推广和实施。1995 年 10 月，里斯本举行了第一届葡萄牙-巴西城市复兴会议，并在会议上通过了《城市综合恢复宪章》(Carta da Reabilitação Urbana Integrada)，也就是《里斯本宪章》。[①]

《里斯本宪章》是一部面向葡语地区城市复兴的综合性宪章，它汲取了《格拉纳达公约》《华盛顿宪章》等国际宪章中关于城市遗产保护的建议，并结合葡萄牙多个历史城市发展经验和文化传播历程，提出了针对城市复兴的多种干预理念。该宪章强调城市复兴的重要性和必要性，指出只有在引入社会和经济发展政策框架的同时，才能实现城市的综合治理，解决城市的贫困、失业、住房和环境问题。此外，该宪章在保护文化遗产和历史遗址方面提出了多种振兴城市的方法，并探讨了如何在城市经济发展和文化保护之间平衡关系的方法。《里斯本宪章》的制定为葡语地区的城市复兴提供了强有力的指引，同时也为其他国家的城市复兴提供了有益的经验借鉴。

为了实现历史城市保护与发展之间的平衡，《里斯本宪章》中提出了多条干预建议，包括修复和安装设备、基础设施和公共空间，以改善生活条件，同时保持城市地区的特征和特色。宪章还建议有选择地拆除形态和类型上不适合的建筑，并以新的建筑取代它们，这些新的建筑应当适应当代建筑和社会类型，以逐步实现历史城市与现代城市之间的平衡。此外，《里斯本宪章》还规定了关于建筑物的修复和保护的具体措施，包括选择合适的材料、重新设计建筑和加强建筑结构等，为国际上的历史城市保护做出贡献。

《里斯本宪章》是城市遗产保护理念飞速发展中的重要里程碑。2000 年，在波兰克拉科夫通过的《克拉科夫宪章》(Carta de Cracóvia)[②]再次定义了建筑遗产保护和修复的原则。该宪章旨在验证所采取的战略选择的可持续性，预见未来改造的管理过程，并将遗产保护问题与经济和社会联系起来。2011 年 11 月 28 日召开的国际古迹遗址理事会第 17 届大会通过了名为《历史名城和城市地区保护与管理的瓦莱塔原则》(The Valletta Principles for the Safeguarding and Management of

---

① https://culturanorte.gov.pt/wpcontent/uploads/2020/07/1995__carta_de_lisboa_sobre_a_reabilitacao_urbana_integrada-1%C2%BA_encontro_luso-brasileiro_de_reabilitacao_urbana.pdf

② https://citaliarestauro.com/wp-content/uploads/2018/12/cartadecracovia2000.pdf

Historical Cities, Towns and Urban Areas，简称《瓦莱塔宪章》）①。该宪章由国际历史城镇和村庄委员会（CIVVIH）撰写，并深化了《里斯本宪章》关于城市遗产的概念和定义，同时它也扩大了《华盛顿宪章》中的方法和观点。《瓦莱塔宪章》将历史背景分为有形和无形的要素，强调城市复兴时对文化传统的继承，并要求发展旅游业时注重当地社区的生活方式。此外，2013 年由葡萄牙参与制定的《欧洲都市主义宪章》（Carta Europeia do Urbanismo）②强调了人们和社区参与定义他们的生活空间的必要性，并提出全民参与城市决策，实施真正的参与式民主。这些宪章在城市遗产保护和城市发展方面提供了指导性和引领性的作用，为世界各国城市的可持续发展提供了重要指引（表 6）。

从长远的发展来看，《里斯本宪章》的目标始终是保护和恢复历史中心的遗产，恢复其功能的重要性，并振兴传统的商业活动和服务。宪章着重强调，应努力促进公共和私人建筑的正确使用和维护，使其吸引对当地历史和文化感兴趣的游客，从而提升当地城市的影响力和国际地位。

表 6 部分国际城市遗产相关宪章

国际宪章名称	宪章内容	机构
《欧洲建筑遗产宪章》（1975）	定义和扩展建筑遗产的概念。	欧洲委员会
《华盛顿宪章》（1987）	确定了城市的历史意义以及相关的遗产价值。	国际古迹遗址理事会
《里斯本宪章》（1995）	定义了建筑修复和城市修复的概念及相关概念。	葡萄牙文化部
《克拉科夫宪章》（2000）	定义了建筑遗产保护和修复的原则。	世界遗产城市组织
《瓦莱塔历史城市和城区保护和管理原则宪章》（2011）	深化了建筑遗产概念和定义，将历史背景分为有形和无形两部分，并确定了城市历史中心所带来的重要经济效应。	国际历史城镇和村庄委员会

① https://mecc.gov.md/sites/default/files/2010the_valletta_principles_for_the_safeguarding_and_management_of_historical_cities_towns_and_urban_areas.pdf

② https://citaliarestauro.com/wp-content/uploads/2022/08/carta_europeia_do_urbanismo_en_fr2013.pdf

续表

国际宪章名称	宪章内容	机构
《欧洲都市主义宪章》(2013)	定义了城市规划的原则,并为所有对欧洲城市和地区(领土)的未来负有责任或权力的人提供了参考点:政府、地方当局、机构、民间社会、非政府组织和私营部门。	欧洲城市规划师委员会

4.3.3 《圣港宪章》的历史意义及贡献

为了更好地维护文化遗产,让文化具有变革的力量并促进欧洲社会模式的发展,欧洲各国近些年不仅在持续细化文化遗产保护的内容,还大力推行权力下放,以去权威化的方式使保护制度更加合理。为此,2021 年 4 月 27—28 日,欧盟理事会主席国葡萄牙在马德拉群岛的圣港岛举行了主题为"从民主化到文化民主:反思制度和实践"的会议,旨在促进欧洲的复苏、凝聚力的加强和欧洲价值观的推进,重视和加强欧洲社会模式,促进欧洲向世界开放,并在会议上颁布了《圣港宪章》(Carta de Porto Santo)。[①]

《圣港宪章》是一份纲领性的宣言,详细阐述了文化、艺术、遗产和教育部门在推动民主发展方面的重要作用,并提出了指导方针和政策建议。该文件共提出了 37 条建议,以鼓励欧洲的当局、文化机构通过促进公民的文化权利来实施文化民主,从而推动欧洲文化民主化的进程。这是一个把多样性、社会凝聚力和公民身份结合在一起,将文化视为每个公民都可以参与并承担责任的开放空间的伟大愿景。

这次大会是通过网络举办的,共吸引了来自全球 37 个国家的 490 名参与者,其中包括欧洲主要文化网络和非政府组织的重要人士,因此在欧洲具有极大影响力。会议邀请了来自文化和教育领域的国家和欧洲政治领导人,如雅克·朗西埃(Jacques Rancière)[②]、尚塔尔·墨菲(Chantal Mouffe)[③]、著名的艺术和教育关系专家玛丽亚·阿卡索(Maria

---

① https://www.culturaportugal.gov.pt/media/9190/pt-carta-do-porto-santo.pdf

② 雅克·朗西埃(1940—)生于阿尔及尔,法国哲学家,巴黎第八大学哲学荣誉教授,其代表作为《阅读资本》。

③ 尚塔尔·墨菲(1943—)是一位比利时政治理论家,曾在威斯敏斯特大学任教,其代表作是《霸权与社会主义战略》。

Acaso)[①],以及在后殖民主义和包容性文化机构方面拥有丰富经验和知识的韦恩·莫德斯特(Wayne Modest)[②]、玛丽亚·林德(Maria Lind)[③]等。这些背景多样的专家的参与展示了会议开放与民主的基调。

欧洲文化网络中心(European Network of Cultural Centres,简称ENCC)董事会秘书皮奥特·米哈洛夫斯基(Piotr Michalowski)[④]曾表示,葡萄牙政府将文化纳入议程,这不仅是传递信息,更是向欧洲文化部门和许多参与欧盟政策制定者展示了文化的重要性。《圣港宪章》是欧洲文化民主性的一份指导性文件,规定了文化、机构、代理人与公众之间的关系,要求对不同社会群体的文化实践进行更积极的参与和认可,同时呼吁各机构改变政治、资金和管理框架,以及以人为本的新治理模式:为人、与人、由人。[⑤] 这种模式认为所有人都是文化主体,不仅是《圣港宪章》的愿景,也是全社会的共同期望。

4.4 从本土走向国际的新篇章

1929年葡萄牙第二共和国成立后至今经历了众多事件,其遗产保护体系逐渐走向了国际化。这段时间发生的经历主要有以下几个方面:

(1) 葡萄牙最初的官方建筑遗产保护机构的建立,包括相关法规和规章制度的完善,以及相关实践项目的开展。

(2) 葡萄牙国内较为重要的建筑遗产保护学派的建立与发展,包括相关实践项目的探索、推进等。

(3) 葡萄牙在国际上发挥的影响,包括颁布相关宪章以及参与国

---

① 玛丽亚·阿卡索(1970—)是一位专门从事艺术教育的西班牙教授和研究员。从1994年起在马德里康普顿斯大学工作,2018年起在索菲亚王后国家艺术中心博物馆的教育部门工作,她的主要兴趣集中在通过颠覆性的形式和内容促进视觉艺术的教学创新上。

② 韦恩·莫迪斯特是莱顿物质文化研究中心的负责人,也是物质文化和关键遗产研究领域的教授,主要研究民族学、奴隶制、殖民主义和后殖民主义。

③ 玛丽亚·林德,1966年出生于斯德哥尔摩,是一位瑞典策展人、艺术作家和教育家。自2020年以来,她一直是瑞典驻莫斯科大使馆的文化事务参谋。

④ 皮奥特·米哈洛夫斯基是欧洲文化中心董事会联合主席、欧洲委员会文化之路计划的专家、欧洲委员会计划的独立专家。

⑤ 口号的主要意思为:为民众服务,与民众一起并依靠民众,假设每个人都是该体系内同等重要的文化代理人,享有同样的权利。

际组织的活动等。

1929 年葡萄牙第二共和国成立后,为了维护葡萄牙的建筑遗产,葡萄牙建立了官方的建筑遗产保护机构,其中国家建筑和纪念物总局是最重要的机构之一。该机构具有建筑遗产保护的立法职能,可以确定葡萄牙建筑遗产的保护范围和管理实施手段。另外,葡萄牙建筑遗产学术与实践的发展可以追溯至 20 世纪 50 年代,那时的建筑师和学者为葡萄牙建筑遗产保护做出了重要贡献,建筑师塔沃拉、阿尔瓦西扎等发扬了波尔图学派的遗产保护理念,进行了多方面的建筑遗产保护实践。这些实践从不同角度展开,包括建筑古迹保护计划、建筑历史保护实践、城市历史保护实践等。

此外,1940 年在葡萄牙里斯本举办的国际博览会上,葡萄牙开始利用这一机会向世界展示本国传统文化和国际化进程。同时在这次博览会上,葡萄牙也向欧洲展示了自己的建筑遗产的干预实践,主要是位于贝伦教区的著名建筑群,包括贝伦塔、热罗姆修斯修道院等。这些展品使葡萄牙的文化艺术开始受到国际关注,而举办地点贝伦塔和热罗姆修斯修道院也成为葡萄牙第一批世界遗产。

后来葡萄牙也加入了许多国际合作框架,如世界遗产委员会(UNESCO),同时颁布了很多对国际遗产保护产生影响的宪章及行动方案,如联合国教科文组织的《里斯本宪章》及《圣港宪章》,还参与制定了欧盟的《欧洲建筑遗产保护指南》等。这些都对国际上的遗产保护产生了很大影响,同时也为葡萄牙本身在遗产保护方面取得突出成就提供了借鉴与参考。

总而言之,葡萄牙在建筑遗产保护方面取得了突出的成就,不仅建立了官方的建筑遗产保护机构,还发展了多方面的学术与实践,并加入了许多国际合作框架,对国际遗产保护产生了积极的影响。这些经验与成果对其他国家的遗产保护至关重要。

第5章　当代葡萄牙建筑遗产保护的策略与启示

1974年4月25日，葡萄牙康乃馨革命结束了萨拉查政府长达近50年的统治。[①] 随后葡萄牙政府将国内的行政结构划分为三个层次：中央政府、地方政府以及亚速尔和马德拉自治区，三者享有同等政治和行政地位。[②] 1976年，葡萄牙颁布了《葡萄牙共和国宪法》，宪法倡导经济、社会、文化等领域的发展。这部宪法在葡萄牙政治生活中具有重要的意义，标志着葡萄牙共和国的正式诞生。然而，1976年的宪法并未将文化遗产保护视为一项基本原则。直到1982年宪法第一次修订时，才增加了"保护和强化葡萄牙人民的文化遗产"为国家基本任务之一，它要求国家须与所有文化机构合作。此时保护文化遗产正式成为国家的一项基本义务。[③]

1974年新政府成立之后，文化部门的职责曾被分配给不同的部门。直到1983年，第9届政府成立了一个专门负责文化事务的部门，但在1985年被解散。从1985年到1995年，三届民主党政府在文化政策上的做法基本相同。他们在文化领域的政策原则包括三点：普及文化遗产、保护遗产、支持艺术创作。

1995年10月，葡萄牙政府进行了换届，新政府将遗产部门设置于

---

① 葡萄牙是实行半总统制及代议民主制的共和国。现行《葡萄牙宪法》于1976年通过，规定了葡萄牙四大"主权机构"，即总统、政府、议会和法庭。

② 葡萄牙本土被划为18个区，亚速尔和马德拉被划为自治区。18个区被分为308个市镇，在2013年的改革中又细分为3 092个堂区（freguesia）。在欧盟制定的地域统计单位命名法中，葡萄牙又被划为亚速尔大区、阿连特茹大区、阿尔加维大区、中部大区、里斯本大区、马德拉大区和北部大区七个大区。

③ 根据《宪法》第161条c）款的规定，文化遗产是共和国议会的保留事项，作为相对保留事项，第165条第1款g）款规定，除非得到政府的授权，否则共和国议会拥有对"文化遗产保护制度的基础"进行立法的专属权限。共和国议会和政府之间存在着横向的属性分配，以及国家、自治区和市政当局之间的纵向属性分配。参考：https://www.parlamento.pt/sites/EN/Parliament/Documents/Constitution7th.pdf。

文化部之下,并引入了更多具体和详细的措施,同时新增了两个原则:权力分散(Decentralisation)、部门重组(Reorganisation)。在这一时期,新政府对整个文化部门进行了重新规划,新增了文化发展基金委员会和当代艺术研究所等部门,由文化部部长负责。这些改革形成了葡萄牙现行的文化遗产保护体系,通过对不同的遗产类型进行专项管理,并为每个部门分配了直接负责人,形成了一个具有葡萄牙特色的文化体系(图 37)。为了可以更好地展现葡萄牙文化遗产保护事业的发展历程,并阐释哪些机构参与了文化遗产的管理,本书总结了葡萄牙自若昂五世以来所有参与遗产保护与管理的机构与相关法规(详见附录 2)。

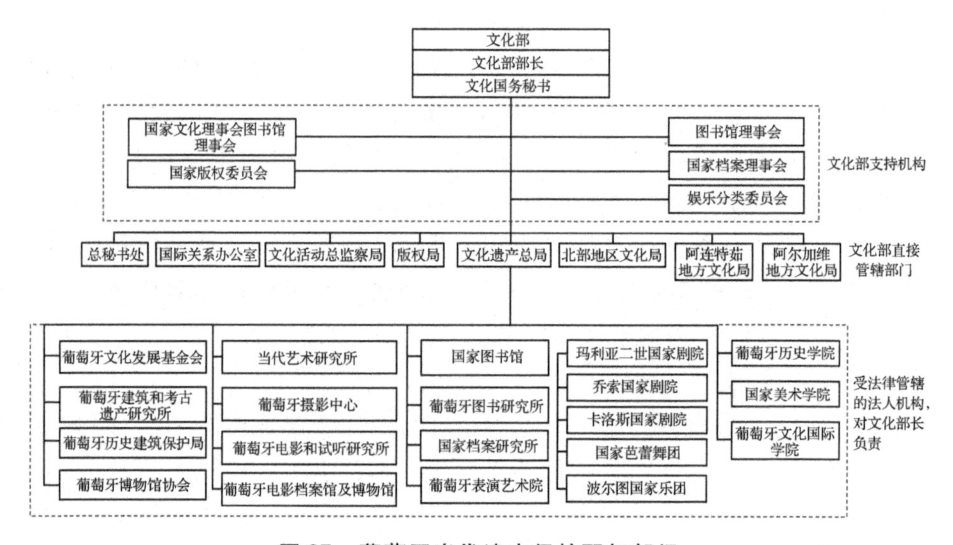

图 37 葡萄牙当代遗产保护职权部门

5.1 葡萄牙当代建筑遗产保护体系

葡萄牙当代的建筑遗产保护政策是建立在 20 世纪 50 年代以来一系列法律法规基础上的。其中最重要的是 1985 年通过的《文化遗产基本法》,该法试图将所有与当前文化遗产相关的法律整合在一起,它在 2001 年被第 107/2001 号新《基本法》取代①,新《基本法》规定了文化

① https://en.unesco.org/sites/default/files/portugal_law_1072001_law_cultural_heritage_pororof.pdf

遗产保护基本的政策和制度。此外，葡萄牙还建立了一套统一的遗产保护体系，用以实施全国性的建筑遗产保护政策，以确保葡萄牙重要的历史建筑得到全面保护。

5.1.1　葡萄牙当前的建筑遗产保护机构

葡萄牙目前拥有多层次的建筑遗产保护体系，它包括法律法规、行政管理制度、建筑遗产保护机构等。首先，葡萄牙拥有一套完善的建筑遗产保护法律法规，包括《古迹的保护、保存、恢复、重建和分类法》[①]和《博物馆、纪念物和宫殿管理自治的法律》[②]。这些法律法规规定了建筑遗产的保护管理范围、保护程度、保护措施等，并明确指出，除非有明确的法律依据，建筑遗产不能被改动、破坏或拆毁。表7展示了从1974年到21世纪初的保护机构与相关法律演变。

表7　葡萄牙1974年至今的遗产保护机构与主要法律的发展脉络

年份	相关的政策	对遗产保护机构和法律的作用
1980	DL 59/80，4月3日	创建葡萄牙文化遗产研究所。
1985	第13/85号法律，6月6日	颁布葡萄牙《文化遗产基本法》。
1990	DL 216/90，7月3日	定义葡萄牙文化遗产研究所内部实务守则。
1992	DL 106-F/92，6月1日	创建葡萄牙建筑和考古遗产研究所，废除葡萄牙文化遗产研究所；之后根据12月24日第316/94号DL进行修订。
	政策指南1008/92，10月26日	批准葡萄牙建筑和考古遗产研究所咨询委员会准则；之后根据1月11日第13/99号法令作为咨询委员会进行管理。
1996	第42/96号法令，5月7日	为文化部制定业务守则。
1997	第120/97号法令，5月16日	定义葡萄牙建筑和考古遗产研究所内部实务守则。
1999	第159/99号法律	向市政当局下放权力，包括管理与市政遗产（自然遗产或城市遗产）相关的公共投资。
2005	部长理事会第124/05号决议	施行中央行政重组计划（PRACE）。

① https://www.catedraunesco.uevora.pt/wp-content/uploads/2019/03/Decreto-Lei-140_2009.pdf

② https://files.dre.pt/1s/2019/06/10800/0288002887.pdf

续表

年份	相关的政策	对遗产保护机构和法律的作用
2007	DL 96/07,3 月 29 日	合并葡萄牙建筑与考古遗产研究所和葡萄牙考古研究所(IPA),同时也包括前国家建筑和纪念物总局的部分属性。
	第 376/07 号部长令	确立葡萄牙建筑和考古遗产管理研究所法规/组织。
2011	法律提案 24/X11/11,9 月 30 日	修订 DL 307/09 法规。
	DL 126-A/11,12 月 30 日	成立了文化遗产总局(DGPC),将葡萄牙建筑和考古遗产管理研究所与博物馆和保护研究所(IMC)合并。
2012	DL 114/12,5 月 28 日	区域文化实践准则理事会成立。
	DL 115/12,5 月 28 日	制定文化遗产总局实施规程。
	第 223/12 号部长令,7 月 24 日	对文化遗产总局内部组织进行改革。

除了上述的这些政策支持外,葡萄牙还实行高效的行政管理制度,通过将建筑遗产保护集中在特定行政机构中来加强管理。其中,1980 年成立的葡萄牙文化遗产研究所[①]扮演了重要角色,其职责包括协调和鼓励研究、制定构成国家文化遗产的不可移动遗产、可移动遗产和非物质文化遗产的清单,并保护和保存这些遗产。1992 年,葡萄牙文化遗产研究所更改为"葡萄牙建筑和考古遗产研究所",继续行使其使命。2007 年,政府将葡萄牙建筑和考古遗产研究所与国家建筑和纪念物总局合并为"建筑和考古遗产管理研究所",它在随后 5 年间发挥了同等重要的角色。2011 年,政府将建筑和考古遗产管理研究所与葡萄牙博物馆与考古研究所并给了文化遗产总局[②]。目前,葡萄牙的建筑遗产保护工作主要由文化遗产总局负责,包括历史建筑、文物古迹等。此外,葡萄牙还设立了一个特殊的历史建筑管理机构,即葡萄牙历史建筑保护局(Instituto Português do Património Histórico,简称 IPPH),负责研究、保护和维护葡萄牙建筑遗产,并向社会提供关于建筑遗产的信息和建

① 它是葡萄牙文化遗产保护和管理的基本机构,负责策划、制定并执行文化遗产保护政策,1992 年变更为"葡萄牙建筑和考古遗产研究所",专门负责建筑方向。

② 文化遗产总局是文化部直属的中央服务机构,其任务是确保管理、保护、修复国家物质和非物质文化遗产,以及制定和执行国家遗产保护相关政策。

议。这些机构和机制在保护葡萄牙的历史建筑遗产方面发挥着至关重要的作用。

另外，葡萄牙还设立了多个专门从事建筑遗产研究的机构，如建筑科学研究机构（Centro de Estudos de Arquitetura e Urbanismo，简称 CESPU）①、葡萄牙国家土木工程实验室（Laboratório Nacional de Engenharia Civil，简称 LNEC）②等。这些机构负责建筑遗产的调查、保护、修复、利用、管理等工作。尽管葡萄牙政府已经尽力将各个部门的工作内容进行分割，但是在职权范围和公共部门与私人部门之间的合作关系方面仍存在重叠和不紧密的情况。因此，葡萄牙政府需要进一步加强监督和统筹，促进不同机构之间的协作，以提高建筑遗产保护的工作效率。

目前除了文化遗产总局、葡萄牙博物馆协会（Portuguese Museums Institute）等机构在葡萄牙制定法规外，共和国总统办公室、大学和许多其他机构也或多或少地参与了起草遗产立法大纲，这给管理建筑遗产带来了额外的困难。同时，地区机构激增，不同部门之间缺乏协调，存在着责任和资源的不必要重复。表 8 总结了 21 世纪初葡萄牙在历史城市中心管理中的机构职权重叠情况。但相关部门也在努力进行改革，譬如，在 2006 年，葡萄牙建筑和考古遗产研究所在全国从北到南开设七个地区分部门以加强统一管理。地方政府也在遗产分类和保护方面发挥着越来越积极的作用，并越来越倾向于补充国家的公共服务职能，这也是因为人们日益认识到一个强大而有活力的协作网络的重要性。

---

① 建筑科学研究机构成立于 1979 年，是葡萄牙政府为促进建筑遗产保护和发展建筑科学而设立的研究机构。其宗旨是通过研究、教育和推广实践，为葡萄牙的建筑遗产保护和可持续城市化做出贡献。

② 葡萄牙国家土木工程实验室成立于 1946 年，是葡萄牙政府主管的研究机构，它旨在为各种基础设施、建筑制品和土木工程领域提供技术服务和研究支持。葡萄牙国家土木工程实验室的工作内容包括：建筑材料和结构的测试、评估和质量控制；建筑和基础设施的设计和施工监督；城市与区域规划和环境保护工作；对自然灾害、环境污染等问题进行研究，并提供技术解决方案。

表 8　葡萄牙管理机构职权重叠情况

<table>
<tr><td></td><td colspan="2">国际</td><td>国内</td><td colspan="2">自治区</td></tr>
<tr><td rowspan="2">机构管理层</td><td rowspan="2">联合国教科文组织</td><td rowspan="2">欧盟</td><td>文化遗产总局</td><td>当地市政局</td><td rowspan="2">地方技术办公室(GTL)</td></tr>
<tr><td colspan="2">咨询委员会</td></tr>
<tr><td rowspan="2"></td><td>世界遗产委员会</td><td>文化之都(CC)</td><td>公共利益遗产纪念物</td><td>公共利益遗产</td><td>历史名城</td></tr>
<tr><td colspan="5">历史城市中心</td></tr>
<tr><td>保护方案制定</td><td>世界遗产名录</td><td>文化之都名录</td><td>法令法律政策指南</td><td>市政规划总局(PDM),发展规划部门(PU),实施部门(PP)</td><td>方案设计项目规定更新</td></tr>
</table>

总之,葡萄牙建立了多层次的建筑遗产保护体系,不仅规范了建筑遗产保护的权利和义务,而且还设立了一系列专门机构,负责建筑遗产的调查、保护、保存、修复、利用、管理等工作,为葡萄牙的建筑遗产的高效和全面管理发挥作用,但是目前当地也认识到存在重复和割裂的情况,将在未来进行进一步调整。

5.1.2　葡萄牙的建筑遗产保护管理流程

葡萄牙的建筑遗产保护管理流程主要由国家文化局负责,该机构制定了保护建筑遗产的相关政策和法规。在葡萄牙法律框架中的第107/2001 号法律中①,第 17 条规定确立了保护和强化文化遗产的政策和制度的基础: 遗产作为象征性的见证;遗产作为历史事实的显著见证;遗产内在的美学、技术或物质价值;遗产的范围以及从集体记忆的角度反映的内容;遗产在历史或科学研究等方面的重要性。目前,任何个人或机构,无论公共还是私人,国内还是国外,都可以根据该法律的第 25 条进行遗产保护申请。

整个建筑遗产管理流程的第一步是填写一份表格,即《不可移动遗产分类程序初步申请》②(以下简称《申请》),它会对遗产进行初步判

① https://www.catedraunesco.uevora.pt/wp-content/uploads/2019/03/Lei-107_2001.pdf

② 具体申请流程参照葡萄牙文化部官方说明: https://www.patrimoniocultural.gov.pt/static/data/recursos/formularios/formularios_com_novo_logo/instrucoespreenchimentoripcbi_actual.pdf

断,以确定是否符合申请要求。一旦符合要求,这份《申请》就会被提交,收到《申请》后,文化遗产总局会对建筑的遗产价值进行评估,搜集有关遗产保护建筑的信息包括历史、环境、经济等,以便进一步确定它是否有资格登记成为受保护的建筑遗产。

一旦程序开启后,有关遗产就会被视为处于分类过程中,需要通过一系列流程才能对其进行改造或修复(图 38)。文化遗产总局会根据历史、环境、经济价值等分类因素来确定建筑遗产分类,并制定分类程序指导性文件。其中,当建筑遗产被分类为国家纪念物,或被分类为公共利益遗产时,必须依法公布。[①] 当建筑遗产分类通过后,文化部将发布公告进行公示,同时文化遗产总局将起草最终报告并提交给负责文化领域的政府成员公布法令草案。随后,文化遗产总局将根据草案制订保护计划,并设立监测机制以确保所有工程都符合标准和法律规定。如果建筑遗产存在问题,则将根据保护方案进行修复工作,最大程度减少资金损耗,并规划修复后的功能使用。文化遗产总局将对修复工作进行监督,定期更新修复手册并进行发布,一系列保护工程完成后,文化遗产总局将开放这些建筑遗产供公众参观和学习。

现今,葡萄牙国家文化遗产分类流程已经非常完善了,同时它们会在文化遗产总局的网站上对各种遗产动向进行公示。除此之外,在这个官方网站上,他们也会介绍详细的流程和相应的表格文件等,以确保任何公民都可以参与到文化遗产保护之中,这可以增加当地文化遗产的保护力度。

---

① 葡萄牙国家的法律体系通过层级结构来组织。在此基础之上,法令是由共和国政府在其立法职能范围内,对非属于议会保留的事项、得到议会授权轻微保留或进一步发展原则或已制定的法律基础的实施文件进行管理。法令的形成可以通过以下两种方式实现:(1)总理和有关部长的签署,后经总统签署;(2)经过内阁批准并经过总统的后续批准。关于法令,可参考葡萄牙宪法第 198 条。此外,指令是用于实施法律指导文件的文件。例如,"2012 年 7 月 24 日第 223/2012 号指令"确定了文化遗产总局组织机构中所提到的核心组织单位的结构和职能,该指令可由"2012 年 5 月 25 日第 115/2012 号法令"进行参照。其中根据法律要求,关于建筑遗产的分类内容和目标以及它们的位置和修复计划都必须在《官方公报》上进行说明。

申请步骤	所依条款
第一阶段：程序的开启	**2009年10月23日第309/2009号法令第一节**
启动程序并提出请求	法令第4条和第5条
对该提案评估	法令第7条
启动分级程序的决定	法令第8条
在《共和国日报》上发表通知，并进行传播	法令第9条和第10条
申诉	法令第13条
第二阶段：程序的指导	**法令第三节**
实况调查：技术咨询	法令第18条
咨询机构的意见	法令第22条
立项	法令第23条
在《共和国日报》上发表通知，并进行传播	法令第五节
最后决定报告和提案	法令第29条
遗产分类	法令第32条
最后决定公示和传播	法令第31条
在《政府公报》中发表	法令第32条

REPÚBLICA PORTUGUESA
CULTURA
PATRIMONIO CULTURAL

A – REQUERIMENTO INICIAL DO PROCEDIMENTO DE CLASSIFICAÇÃO DE BENS IMÓVEIS

* Campos de preenchimento obrigatório

1. IDENTIFICAÇÃO*
1.1. Património Arquitectónico ☐ Património Arqueológico ☐ Património Misto ☐
1.2. Designação/Nome: ______
1.3. Outras Designações: ______
1.4. Local/Endereço: ______
Localidade: ______ Freguesia: ______
Concelho: ______ Distrito: ______
1.5. Código Nacional de Sítio (CNS): ______ (No caso de se tratar de património arqueológico)

2. CARACTERIZAÇÃO
2.1. Função Original: ______
2.2. Função Actual: ______
2.3. Enquadramento: ______
2.4. Descrição Geral: * ______
2.5. Estado de Conservação: ______

	MB	B	R	M	R
Paredes	☐	☐	☐	☐	☐
Pavimentos	☐	☐	☐	☐	☐
Coberturas	☐	☐	☐	☐	☐
Outros___	☐	☐	☐	☐	☐

MB – Muito Bom; B – Bom; R – Razoável; M – Mau; R – Ruína

图 38　葡萄牙当前建筑遗产认定流程与申请表

5.2　当前葡萄牙建筑遗产保护的创新策略

葡萄牙有着丰富多样的建筑遗产，尽管政府已经做了很多保护工作，但仍然不可避免地会出现一些遗产因疏于管理而被破坏。在此背景下，葡萄牙政府采取了多项措施，以确保这些遗产的完整性和可持续发展。自 2008 年以来，葡萄牙政府已实施了三个计划，通过这些创新举措可以看到葡萄牙政府在建筑遗产保护方面的新理念和做法。

5.2.1　“城市复兴”项目

葡萄牙针对建筑遗产更新采取了一系列有效的激励措施，“城市复兴”(Urban Rehabilitation)计划是葡萄牙在 2008 年启动的第一个计划，该计划最初的目的是支持里斯本、波尔图等历史城市中心的翻新。该计划拟定了一系列重点改善城市环境的措施，包括建造新的城市建筑、改善公共交通、重新翻修和重建历史建筑、建立新的公共空间、改善城市照明、增加城市绿化等。此外，该计划还包括支持文化和旅游、提高城市活力、改善居民生活条件等措施。

“城市复兴”计划最初是基于葡萄牙第 220/2008 号法令而推出的。随着计划的逐步实施，政府也不断完善了相关法律规定。为了更好地推动建筑遗产的更新工作和城市经济的发展，政府于2017年11月9日召开的部长会议上通过第170/2017号决议，创立了“更新规则”（Rehabilitarcomo Regra，简称RcR）计划①。该计划的主要目标是审查建筑法律与监管框架，提出符合更新要求的建议，协调目前更新过程中的安全、舒适、环境可持续性和保护建筑遗产原则。为了进一步规范该计划，2019年7月18日，葡萄牙行政主席颁布了第95/2019号法令，旨在通过将历史建筑和基础设施的更新联系起来，建立适用于更新建筑物的制度。这一法令进一步肯定了建筑遗产更新在提高生活质量、促进城市振兴和社会凝聚力方面的核心作用。因此，在这一背景下，政府最终将建筑更新作为建筑和城市发展的主要干预形式，并为其提供了完善的法律和监管框架。

除了制定相关法律法规，葡萄牙各地的政府还会采取相应的激励措施与要求来推动“城市复兴”工作。这些措施包括简化规划许可程序、减免各种税收、设立特别融资计划等。在更新过程中，政府的要求也非常严格。例如，必须保留建筑物的外墙以及任何被认为具有遗产价值的建筑和特征要素，不能改变建筑物地上、地下层数和屋顶结构，不得削弱建筑物的结构安全性等。此外，葡萄牙政府还将遗产保护的权力下放给各地政府。因此，除了遵循170/2017号决议的内容外，每个城市几乎都有自己的具体改造方案和相应程序。例如，里斯本市政府将该市所有街区都指定为有资格享受税收优惠的城市改造区，以促进城市复兴的发展和改善城市居民的生活质量。

除了政府的主导，葡萄牙还积极引进外资来协助“城市复兴”计划的推进。其中，德·布里托（DE BRITO）地产是葡萄牙的一个知名企业，自2014年以来，他们一直在与当地人以及外国人进行合作，通过遍布全国的代理机构来参与遗产保护，并着手更新那些废弃或遗失的遗产，将它们进行推销宣传。该公司前前后后协助处理了市中心许多废弃建筑，包括著名的蒙弗拉多修道院（Convento de Monfurado）、圣·玛丽亚·德·塞卡修道院（Mosteiro de Santa Maria de Seiça）等建筑遗

---

① https://www.umbelino.pt/es/consejos-para-todos/propietario/rehabilitacion-o-renovacion/

产。[①] 蒙弗拉多修道院曾在1755年大地震中遭到严重损坏，并在1834年的内部政权改革中被彻底遗弃，直到2007年由部长理事会通过审批，政府为了带动新蒙特莫尔地区的经济与文化发展，对该修道院进行了更新。圣·玛丽亚·德·塞卡修道院的境况也是如此。该修道院在改革结束后被国家征用，并在整个19世纪经历了大量的维护工作以及不断地易主，直到2004年该修道院被当地市政府从私人手中购回，并与2021年开启了相关的更新工作（图39）。这些更新项目不仅保护了这些历史建筑遗产，也促进了当地经济和文化的发展，展现了政府和企业间的良好合作和共同努力。

图39 圣·玛丽亚·德·塞卡修道院更新前与更新中

5.2.2 "黄金签证"计划

"黄金签证"（Golden Visa）[②]计划是葡萄牙在2012年启动的第二个"复苏"计划，最开始的目的是吸引外资进入葡萄牙，但现在的目标已经是吸引外国投资者到更多农村和鲜为人知的地区恢复和保护葡萄牙遗产。

葡萄牙"黄金签证"计划，也称为"投资活动居留许可"（Authorization for Residency through Investment，简称ARI），是一项专为非欧盟公民设计的投资居留计划。申请葡萄牙"黄金签证"的优势包括：在葡萄牙生活和工作的权利，无需额外签证即可在申根区内自由旅行，能够将签证传递给其他家庭成员，以及5年后有机会申请葡萄牙公民身份，等等。葡萄牙的"黄金签证"针对不同的投资者提供了不同的解决方案，主要

---

① 2021年4月19日，菲盖拉-达福斯市议会将预算约为270万欧元的修道院修复和加固工程分派给特谢拉·杜阿尔特（Teixeira Duarte）公司。这项工作将使教堂被毁坏的纪念性外墙得到巩固，并对邻近的修道院建筑进行更新。

② https://getgoldenvisa.com/portugal-golden-visa-program

包括：房地产收购、基金认购、资本转移、开设公司、捐款等，具体申请流程如下图所示（图 40）。

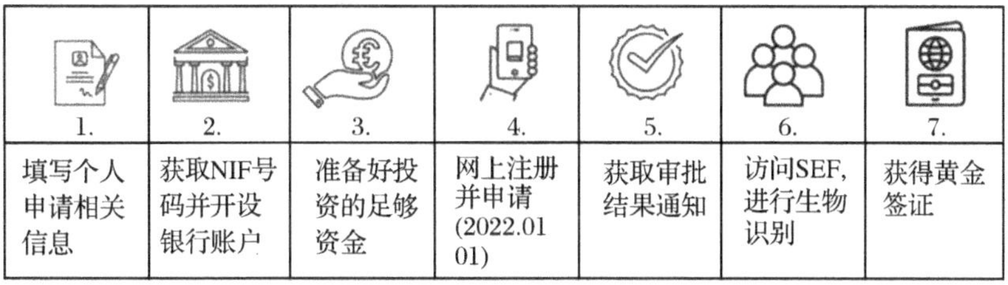

1.	2.	3.	4.	5.	6.	7.
填写个人申请相关信息	获取NIF号码并开设银行账户	准备好投资的足够资金	网上注册并申请(2022.01 01)	获取审批结果通知	访问SEF，进行生物识别	获得黄金签证

图 40　“黄金签证”申请流程

最初，葡萄牙“黄金签证”计划仅提供一种形式的房地产投资以获得居留许可。随着时间的推移，欧洲其他国家也出台了相应的黄金签证计划，但相较其他国家而言，葡萄牙的“黄金签证”所适用的投资领域更加广泛（表 9）。葡萄牙的“黄金签证”不仅可用于购买房产，还可以投资葡萄牙的国家遗产、艺术和文化项目，从而支持该国的文化遗产保护和文化多样性，促进文化项目的发展。自 2015 年上线以来，葡萄牙“黄金签证”计划得到了广泛认可，它不仅是目前欧洲最优惠的移民政策，还对葡萄牙的文化遗产产生了重大影响。该计划鼓励外国投资修缮和修复文化遗产，如教堂、城堡和纪念物。此外，它还鼓励外国投资用于酒店业，从而促进了旅游业，而旅游业又有助于保护和传播该国的文化遗产。外国投资的涌入也使地方当局能够开发、保护和促进国家文化遗产的项目，如创建游客中心、修复历史建筑、创建博物馆和其他教育项目。

表 9　西班牙、葡萄牙和希腊适用于三个“黄金签证”计划的合格投资

葡萄牙“黄金签证”合格投资	西班牙“黄金签证”合格投资	希腊“黄金签证”合格投资
投资葡萄牙房地产，最低价值500 000欧元。或者投资葡萄牙的房地产，最低价值为 350 000 欧元；前提是该房产至少有 30 年的历史并且将被修复。	在西班牙投资至少 500 000 欧元的房地产。	投资希腊的房地产，最低价值为 250 000欧元。
进行 150 万欧元的资本转移。	进行 100 万欧元的资本转移。	出资 400 000 欧元购买希腊政府债券。
创建一家公司，雇用至少 10 名全职工作的葡萄牙公民。	向西班牙企业投资至少 100 万欧元。	

续表

葡萄牙“黄金签证”合格投资	西班牙“黄金签证”合格投资	希腊“黄金签证”合格投资
在葡萄牙的认证基金中投资至少500 000欧元。	至少投资200万欧元购买西班牙政府债券。	
在葡萄牙的国家遗产、艺术和文化领域投资至少250 000欧元。		
在葡萄牙投资至少500 000欧元用于研发。		

葡萄牙的“黄金签证”还能够帮助外国投资者获得更多的税收优惠,从而有效地推动葡萄牙的经济发展。葡萄牙政府通过发展这种“黄金签证”计划,既促进了经济发展,又保护了国家文化和历史遗产。因此,葡萄牙“黄金签证”计划为那些想要成为葡萄牙居民并且有良好的投资机会的人提供了一个极具吸引力的选择。

目前,葡萄牙通过“黄金签证”这种特殊的投资选择,吸引了大量国际投资者进入其国内房地产市场,同时促进旧房产和需要修复的区域的修复,加大建筑遗产层面的资金流入,从而改善葡萄牙城市的建筑条件。然而,该方式目前仍面临部分挑战:寻找到既符合计划标准又符合投资者需求的房产是首要问题,该房产必须超过30年或位于城市改造区。[①] 葡萄牙的城市改造地区被市政当局确定为衰败地区,因此这些地区被国家开放给“城市改造”项目,其中比较典型的案例是位于波尔图的环球酒店改造工程(图41)。接下来的挑战是对收购的物业进行修复工程。此步骤通常涉及许可、聘请建筑师、工程师、承包商等专业人员,以及监控翻新过程。这一过程需要大量的专业技术人员,是葡萄牙目前面临的挑战。

① 城市改造区是葡萄牙政府设立的城市重建区,其中包括部分老旧区、历史保护区、城市缓冲区等。政府将这些区域指定为“城市改造区”,以便通过重建、翻新、改善等工作,更新、改善和发展城市基础设施和公共环境,提高该地区的生活质量和经济活力。

图41　葡萄牙波尔图环球酒店改造前后

5.2.3 “重生”计划

2019年，葡萄牙启动了第三个计划——“重生”(REVIVE)①：赋予新生命。该计划由葡萄牙经济部、文化部和财政部共同推出。该计划旨在促进国内96处废弃的公共建筑物，包括堡垒、修道院、宫殿、城堡等的修复和估价过程，从而使这些建筑物得以再次运用于新的经济活动中。这一计划的最终目标是确保在这些建筑物的修缮和改造过程中它们的建筑、文化、社会和环境价值得到尊重。该计划的推出旨在鼓励国内和国际投资者参与到公共建筑物的修复和改造工作中，同时为相关企业提供更多的发展机会。

葡萄牙的“重生”计划涉及多个学科领域的专家团队，包括文化部、财政部、各大基金会、国防资源部、国家旅游局等部门的代表。该计划的核心在于在尊重相关建筑、文化、社会和环境价值的前提下，共同保障各类遗产和选择适合各地区发展需要的功能，使其恢复原有的价值。因此，在招标的过程中，“重生”计划规定当地社区及其游客可以进行私人投资，可以参与公共利益遗产的改造，使其适用于经济活动，如酒店、餐馆、文化活动或其他形式的娱乐和商业活动。这种模式可以保护这些遗产及其公共利益领域的价值，并找到活化的途径。

国家遗产是一个国家历史、文化和社会身份的载体，是一个地区特殊性的体现和旅游业发展的资源。葡萄牙政府意识到它是一种战略资源，于是启动了“重生”计划。该计划向私人投资开放建筑遗产，通过公开招标的方式将其开发为旅游景点。目前，葡萄牙通过“重生”计划已经完成了圣·佩德罗(S. Pedro)和圣·若昂堡垒(S. João da Cadaveira)(图42左)的修复，进行卡西亚斯皇家公园(Paço Real de Caxias)的招标，签署了

---

① https://revive.turismodeportugal.pt/en/lista-noticias-en

圣·萨尔瓦多·德特拉万卡修道院(São Salvador de Travanca)(图42右)的特许经营合同等项目(表10)。[①] 这些遗产将以旅游为目的进行修复,并按照当地要求进行商业化改造,包括基础设施和后续的旅游运营,如酒店建设、当地住宿、其他旅游项目等。这一计划的目标是使这些重要的遗产能够继续为当地社区和游客带来经济和社会价值,并且能够得到更好的保护和维护。

图42 圣·若昂堡垒现状(左);圣·萨尔瓦多·德特拉万卡修道院(右)

"重生"计划通过对国内各地区遗产进行保护和推广,不仅为葡萄牙经济和就业的发展提供帮助,更将为葡萄牙旅游业带来多样化的发展,引领其走向一个更加可持续的未来。葡萄牙国家旅游局局长安娜·门德斯·戈迪尼奥(Ana Mendes Godinho)表示:"该计划的主要目的是希望推广探索新兴的、相对未被挖掘的旅游目的地,分散旅游活动并鼓励游客了解葡萄牙更多的文化和不受众人关注的地方,这也能为葡萄牙的周边地区带来相应的经济。"[②]目前,葡萄牙国家旅游局和银行均已签署相关计划书,为计划的实施提供坚实的支持。

---

① https://revive.turismodeportugal.pt/en/lista-noticias-en?page=1

② 安娜·门德斯·戈迪尼奥(1972—)是葡萄牙法律专家、公务员和政治家。她是葡萄牙社会党(PS)的成员,现任葡萄牙政府劳工、团结和社会保障部部长,此前曾担任旅游国务秘书。

表10　当前"重生"计划所涉及的建筑

名称	状况	名称	状况	名称	状况
圣芬斯·德·弗里斯特斯修道院(Sanfins de Friestas)	完成	新楼盘宫(Obras Novas)	完成	庞巴林仓库(Pombalinos)	完成
维拉·诺瓦·德·塞尔维拉城堡(Vila Nova de Cerveira)	完成	格拉萨军营(Graça)	完成	卡莫军营(Carmo)	完成
伊恩苏阿堡(Ínsua)	完成	卡希亚斯皇宫(Caxias)	公示	圣地亚哥·杜·洛邦子爵宫殿(Santiago do Lobão)	完成
圣安德烈·德·伦杜夫修道院(Santo André de Rendufe)	完成	吉恩乔要塞(Guincho)	完成	山上之家(Casa do Outeiro)	完成
圣克拉拉修道院(Santa Clara)	完成	圣·佩德罗(São Pedro)	进行中	康德·迪亚斯·加西亚宫(Conde Dias Garcia)	完成
圣萨尔瓦多·特拉万卡修道院(São Salvador Travanca)	完成	卡博-埃斯皮切尔保护区(Cabo Espichel)	完成	葡萄牙阿尔梅达中部兵营(Quartel das Esquadras)	完成
阿鲁卡修道院(Arouca)	完成	波塔莱格尔城堡(Portalegre)	完成	维拉·费尔南多教育中心(Vila Fernando)	完成
巴拉·德·阿威罗要塞(Barra de Aveiro)	完成	圣弗朗西斯修道院(São Francisco)	完成	居罗门哈要塞(Juromenha)	完成
洛瓦奥修道院(Lorvão)	完成	阿尔特马场(Alter)	完成	圣何塞修道院(S. Jose)	完成
圣克拉拉·阿·诺瓦修道院(Santa Clara a Nova)	完成	圣保罗修道院(São Paulo)	完成	法达斯之家(Casa das Fardas)	完成
圣-信德学院(São Fiel)	完成	巴尔韦德酒厂(Paço de Valverde)	完成	奥唐旧堡(Outão)	公示
摩洛哥之家(Marrocos)	完成	卡莫修道院(Carmo)	完成	阿尔马达城堡(Almada)	完成
圣安东尼奥·杜斯·卡普乔斯修道院(Saint Anthony of the Capuchins)	完成	拉托堡(Rato)	完成	维拉堡垒(Torre Velha)	公示

续表

名称	状况	名称	状况	名称	状况
卡洛斯一世公园的亭子(D. Carlos)	完成	圣卡塔琳娜堡垒(Santa Catarina)	完成	圣若昂·达卡达维拉堡(S. João da Cadaveira)	进行中
马尼克·杜·因滕特宫(Manique do Intendente)	完成	圣罗克教堂(São Roque)	完成	卡布达斯·莱兹利亚斯酒店(Cabo das Lezírias)	完成

5.3 葡萄牙建筑遗产保护政策对我国的启示

19世纪以来,葡萄牙建筑遗产保护发展历程涉及多个方面,包括保护建筑遗产法制、建筑遗产研究、建筑遗产游览与营销、建筑遗产教育等。其遗产保护政策不仅致力于遗产本体的保护,还注重利用和发展。对于中国来说,葡萄牙的建筑遗产保护政策提供了可供参考的示范,对于优化我国在建筑遗产保护方面的实践有着重要意义。我国建筑遗产保护虽然起步较晚,但在政府的主导下最近几年来发展迅速,形成了基本的概念和体系。然而,葡萄牙依然给我们带来了以下可以借鉴的地方。

5.3.1 国内建筑遗产保护体系的完善

就法律法规而言,自1986年葡萄牙正式出台《文化遗产基本法》至今,先后颁布了《文化遗产基本法修订版》[①]、《葡萄牙博物馆保护法》[②]、《关于国家利益遗产分类和登录的法令》[③]、《关于保护不可移动文化遗产的法令》[④]等多个法律法规,既保护了葡萄牙建筑遗产,也规范了建筑遗产保护的权威界限与程序标准[⑤]。我国主要法律法规包括

① https://www.eui.eu/Projects/InternationalArtHeritageLaw/Documents/NationalLegislation/Portugal/law107of2001.pdf

② https://www.eui.eu/Projects/InternationalArtHeritageLaw/Documents/NationalLegislation/Portugal/law47of2004.pdf

③ https://www.eui.eu/Projects/InternationalArtHeritageLaw/Documents/NationalLegislation/Portugal/decree19of2006.pdf

④ https://www.eui.eu/Projects/InternationalArtHeritageLaw/Documents/NationalLegislation/Portugal/law3092009.pdf

⑤ https://www.eui.eu/Projects/InternationalArtHeritageLaw/Portugal

《中华人民共和国文物保护法》《中国文物古迹保护准则》《古建筑与木结构维护与加固标准》《关于在城乡建设中加强历史文化保护传承的意见》等，这些文件规定了建筑遗产保护的程序标准，但仍亟待进一步完善。例如，需要制定一部专门性的建筑遗产保护法律法规，进一步细化保护内容，为不同级别和不同地区的建筑遗产制定相应的执行程序。此外，我们也需要积极跟进国际动向，了解当前最新的国际标准，增加相应遗产更新在利用等方面的指引并结合我国国情进行动态调整。

另外，在政策支持方面，葡萄牙采取了多项措施和政策以支持建筑遗产的保护与修复，如"遗产保护与修复计划""遗产保护税收减免计划""遗产管理计划"，以及设立"遗产保护基金"等。与此相比，目前中国主要有《关于加强文物保护利用的若干意见》《"十四五"文物保护和科技创新规划》等政策。从这些文件中，我们可以看出中国政府在倡导对文物遗产进行保护和利用，为文物的保护和利用指明了明确的方向。然而，这些政策主要是针对文物遗产而言，相较之下对于建筑遗产保护的政策支持还有待进一步完善。

最后，在实践方面，葡萄牙政府为不同类型的建筑遗产建立了专门的保护机构，这些机构负责调查、记录、研究和实施保护措施，并与其他部门协调和沟通，有效推进建筑遗产的保护。相比之下，我国的建筑遗产保护管理涉及文物和城市建设两套体系，彼此之间有重叠和矛盾之处。因此，我们可以借鉴葡萄牙的经验，在建筑遗产保护方面建立专门机构，负责保护建筑遗产，实现更有效地管理和保护，提高保护效果。

5.3.2 对外部资金的合理调控与利用

葡萄牙每年对本国历史文化遗产的保护投入数十亿欧元，致力于保护和发扬自己丰富的历史文化。更值得一提的是，葡萄牙充分利用历史建筑的经济潜力，在游览与营销方面建立了一系列综合性的建筑遗产旅游体系。这些旅游项目不仅帮助游客更好地了解葡萄牙的历史建筑文化，而且也促进了建筑遗产的经济发展。通过优化营销战略和提高游客满意度，葡萄牙的建筑遗产旅游市场正在逐步扩大和成熟。

近年来，外国投资对葡萄牙的建筑遗产保护产生了积极的影响。外国资金主要用于修复和保护那些具有文化或历史意义的建筑和纪念物。在许多情况下，外国投资被用于对现有建筑进行翻新、改造，以及开发新的文化和旅游设施。其中最具代表性的例子是位于葡萄牙里斯本的热罗尼姆斯修道院，这个世界遗产已经得到政府和一个外国投资者财团的资金支持，用于进行修复工作，历时数年，耗资超过 2 亿欧元。同样，位于托马尔的基督修道院也得到了国内和国际资金的支持，其中包括葡萄牙政府、欧盟和私人投资者。这些修复工作包括对修道院、花园和周边设施的修复和改进，以及新的游客中心和人行桥等设施的建设。此外，外国投资也帮助葡萄牙修复了许多被遗忘的建筑遗产。例如，里斯本的圣马梅德宫（Palacete de São Mamede）①的翻新，这座 19 世纪的建筑经过改造后成为一家豪华酒店（图 43），这项修复工作也得到了外国投资者的资助，并产生了积极的经济影响，促进了当地的振兴和旅游业的发展。外国投资对葡萄牙的建筑遗产保护和发展发挥了巨大的积极作用，不仅帮助葡萄牙实现了历史文化遗产的保护，同时也对葡萄牙的经济发展和旅游业的发展做出了重要的贡献。

图 43　圣马梅德宫酒店

在葡萄牙的建筑遗产保护中，引进外国投资不仅有助于资助古迹和其他历史遗迹的修复，同时也为当地工人提供了就业机会。这些修复工作还带来了新的游客和参观者，对该地区的经济产生了积极的影响。这种积极的影响进一步促进了对保护项目的投资增加，以及对保护葡萄牙丰富文化遗产的重要性的关注。

---

① https://lacc. pt/casa-de-sao-mamede/

目前我国历史建筑损毁严重，急需大量维护修缮，但由于资金短缺，所需要的投入远远不足。在这种情况下，葡萄牙引进外资保护其建筑遗产的做法对中国有着双重的积极影响。首先，它可以为中国在吸引和管理国内建筑遗产方面引进外国投资提供有益的参考；其次，它还为中国文化旅游方面的开拓提供指引。

通过对葡萄牙的外资引入分析，我国可以考虑采取多种形式来引导外国对建筑遗产保护的投资。这些形式包括对古迹修复的直接投资，建立公私合作关系，提供保护和修复技术方面的专业知识，以及资助与建筑遗产保护有关的教育和研究活动等。其中，对古迹修复的直接投资可以包括认领古迹，为其修复提供资金，以及建立捐赠基金以确保其未来的维护。这种方式对古迹的保护意义重大，因为它为恢复古迹的原貌提供了必要的资源，从而使其能够作为教育和旅游景点使用。公私合作关系可以通过建立一个可以接受私人捐赠者和/或公共资金捐赠的专项信托基金或基金会来实现对古迹的保护。建立这样的合作关系可以鼓励公众参与古迹保护，增加筹集资金的来源和数量。

总的来说，引入多种形式的投资来保护建筑遗产有助于保护国家的文化特性，振兴当地社区，促进可持续发展，并且可以提供新的就业机会。同时，通过外资引进，国家也能够汲取其他国家的经验，为本国文化遗产保护提供更多有效的途径和方法。

5.3.3　历史城市可持续化的发展

在城市更新的背景下，科学合理的开发模式是促进我国文化遗产可持续的传承与发展的必然要求，但是历史街区中大量建筑遗产的活化利用却常常截然相反于实行“重保护，轻开发”的原则。葡萄牙在进行遗产活化利用时，也面临资源匮乏、行政体系复杂和社会的经济发展不均衡等问题，因此从1980年开始，他们采取了一系列的措施来促进城市复兴，共经历了5个阶段。

葡萄牙的城市更新可以追溯到20世纪80年代。在1970—1990年期间，政府推行公共住房项目以解决低收入群体的住房问题，同时也重视恢复城市现有遗产，包括翻新历史建筑和引进对应公共系统等。之后的20年间，葡萄牙城市出现了复兴项目，政府重点关注历史城市的生活质量改善与经济发展问题，但个别城市出现了发展失衡。从

2000 年至今的时间里，政府开始推行了“城市复兴”“黄金签证”“重生”计划，以保护建筑遗产和历史城市的发展。政府出台了“葡萄牙城市政策 2007—2014”（Política de Cidades 2007 – 2014）和 2015 年的“可持续城市 2020”（Cidades Sustentáveis 2020）①，确定了国家的原则和基本指导方针，鼓励私人投资和外资用于城市更新项目。最后，为了响应欧洲数字化城市号召，葡萄牙也将在 2030 年开展智能城市发展。

葡萄牙政府已经在全国范围内实施了多个城市更新项目，以活化并利用其历史名城，包括里斯本、波尔图、埃武拉等。这些项目的主要目的是保护和恢复历史和文化遗产，改善基础设施，并开发新的公共空间，以提高市民的生活质量。其中，著名的项目之一是葡萄牙政府在 20 世纪 90 年代末进行的里斯本城市中心的复兴。这个项目注重修复和重建大量历史建筑和古迹，如热罗尼姆斯修道院（图 44）、加尔莫修道院（Carmo）和圣罗克教堂（São Roque）。此外，该项目还吸引了大量国内外投资，为古老的城市注入新鲜的血液，振兴了城市中心，提升了其旅游潜力，并吸引了更多的投资。因此，里斯本历史中心的活化被视为葡萄牙其他历史城市的典范（图 45）。

图 44　热罗尼姆斯修道院现状照片

① Portuguese Directorate—General for Territorial Development（2015a），“The Portuguese Strategy for Sustainable Cities: Towards Smarter Urban Development”，Presentation by Cristina Cavaco，Deputy Director General，GEOSPATIAL World Forum，25 – 29 May 2015，Lisbon. 参考：http://www.dgterritorio.pt/static/repository/2015-06/2015-06-24145234_b511271f-54fe-4d21-9657-24580e9b7023$$5D83BE99-238C-4727-83D4-712E7C3188A0$$77D3F30A-1776-4938-B176-55758DF66203$$file$$pt$$1.pdf（accessed 14 June 2016）。

图 45　里斯本公共空间(Praça do Comércio)商业广场的活化利用

除了上述提到的城市更新项目外,葡萄牙政府还采取了一系列措施,旨在实现历史中心的可持续发展。首先,2010 年启动的国家历史城镇、村庄恢复和振兴计划是其中之一。该计划的目标是通过修复和恢复历史建筑和遗产来提高景点的吸引力,并通过增加旅游业贡献和重新投入资金来支持城市和环境的可持续发展。此外,该计划还提供了资金和技术支持,以帮助当地居民和业主进行修复和更新历史建筑。其次,2011 年启动的欧盟城市议程也是葡萄牙重要的可持续发展计划之一。该计划关注城市环境、社会和经济因素,通过建设绿色公共空间、倡导低能耗建筑等措施,改善人居环境,并减少城市的环境污染问题。此外,葡萄牙政府还倡导采取环保、新能源的技术。例如,使用可再生能源、资源再利用和保护自然栖息地等措施,利用太阳能电池板和雨水收集系统修复 12 世纪的阿尔科巴萨修道院就是这方面的一个典型案例。最后,葡萄牙政府还通过税收激励措施,鼓励人们在历史建筑上进行投资。这样可以为修复和更新历史建筑提供资金补贴。

总的来说,葡萄牙正在采取一系列措施,通过恢复其建筑遗产和可持续发展来振兴其历史中心。而中国目前对葡萄牙振兴历史中心的计划也持积极态度,并将其作为"一带一路"倡议的一部分。除此之外,中国也作为一个具有众多历史中心的大国,也坚持建筑遗产活化再利用的理念,注重通过投资城市复兴来振兴其历史中心,这包括恢复或翻新老建筑和纪念物,创造新的公共空间,改善基础设施,同时还积极开展营销活动来宣传其历史遗迹和古迹,并创造节日和活动来吸引游客。而除了对历史建筑的投入,加大社会参与也是未来开发的重点,包括创建以社区为基础的项目,如当地的遗产计划,以及组织公众会议来讨论保护更新计划,从而进一步实现遗产为人的目标。

综上所述,葡萄牙的建筑遗产保护政策可以为我国的建筑遗产保护提供参考和借鉴,帮助我国更好地保护和发展建筑遗产。

第6章 结 语

6.1 葡萄牙建筑遗产保护发展背后的逻辑与动因

本书以葡萄牙建筑遗产发展历程为研究对象，通过文献研究和实地调查相结合的方法，系统研究了葡萄牙建筑遗产的发展历程、特征及背后的动因。继而，本书对葡萄牙建筑遗产当前的策略和发展前景进行总结，并提出一些建议，以期待对国内建筑遗产未来的发展有所借鉴，主要研究成果如下：

（1）本书通过系统梳理葡萄牙1755年至今约300年的建筑遗产保护发展历程，得出以下结论：公元5世纪到15世纪末，葡萄牙人关注的重点是军事设施和防御工程，并没有针对建筑遗产颁布相关的法律。1755年葡萄牙地震后的一系列活动成为葡萄牙遗产保护运动的开端，其中包括对里斯本城市的重建、对葡萄牙著名地标建筑进行的修复以及葡萄牙教堂、修道院等建筑价值的认识等。之后，欧洲各国建筑保护思想对于葡萄牙建筑遗产保护产生了巨大的影响，诞生了独具特色的葡萄牙建筑遗产保护理念和做法。1910年，葡萄牙政府将保护文化遗产视为重要任务，并公布了官方纪念物清单，正式确立了建筑遗产的地位。随后，葡萄牙政府开展了一系列修复活动，为葡萄牙建筑遗产保护的发展奠定了坚实的基础。1930年，葡萄牙政府成立了新的机构国家建筑和纪念物总局以保护葡萄牙建筑遗产，标志着葡萄牙建筑遗产系统保护工作的开启。1941年，葡萄牙举办了世界博览会，开始在建筑遗产保护国际领域崭露头角。同时，葡萄牙形成了以塔沃拉等学者为代表的波尔图学派，积极开展各种风土建筑调查实践项目，为国内外的遗产保护事业做出了巨大贡献。1964年，葡萄牙参加了威尼斯大会，并积极参与了《威尼斯宪章》的起草工作。此时葡萄牙的建筑遗产保护水平已经趋于成熟。1975年,葡萄牙新政府成立后颁布了一系列建筑遗产保护法律,其中最重要的是1985年颁布的《文化遗产基本法》。自2006年以来,葡萄牙政府积极推动建筑遗产的更新与再利用,出台了众多激励措施,形成了多层次的保护体系。

(2)阐述了当代葡萄牙建筑遗产保护发展的重要措施,其中包括:① 制定法律法规:政府采取了一系列法律、政策和措施,详细规定了保护和修复葡萄牙建筑遗产的具体措施。② 宣传建筑遗产价值与保护意义:葡萄牙政府在国家、地方和社会层面展开了多种宣传活动,倡导人们重视对建筑遗产的保护,提高对建筑遗产的认识。③ 多途径投资建筑遗产保护:葡萄牙政府在国内外资金和人力投入方面重视对历史遗产的修复和保护,努力推动建筑遗产保护的发展。④ 活化建筑遗产的使用功能:葡萄牙政府采取多重措施,促进建筑遗产的开发和利用,为葡萄牙的经济发展和文化保护做出了巨大的贡献。

(3)探讨了我国建筑遗产保护未来可以借鉴的方面。从葡萄牙的经验中可以看到两方面的借鉴之处:① 我们可以进一步完善建筑遗产的管理体系,打通文物与住建两套管理体系,包括建立统一的保护目录和补充"自下而上"的文物及历史建筑登录机制,并在此基础上制定具有中国特色的法律法规和政策措施,加强政府投入,鼓励公众参与。② 通过宣传和推广历史建筑,打造相关的文化旅游景点,推动文化和旅游产业的融合发展,提高建筑遗产在旅游市场上的知名度和吸引力,继而推动那些边缘城市的建设和发展。这些需要全社会的关注和努力,共同保护好我国丰富的建筑遗产。

(4)探讨了未来多国文化互鉴的可能。除了在遗产保护方面进行知识、技术的分享与交流之外,两国在投资、教育、旅游等领域也可以进一步合作,实现双方的共同发展,达到互利互惠的双赢效果。葡萄牙的成功经验值得我们借鉴,通过加强国际交流合作,我们可以吸收外来文化的精华,提高我国文化软实力。同时,将中国的文化传播到世界各地也能够增强中国的国际影响力。因此,政府应该积极鼓励企业、学校、文化机构等各方面进一步开展国际合作,为中国文化的传承与发展提供更广阔的平台。

综上所述,葡萄牙建筑遗产保护的发展历程为当今的建筑遗产保护提供了重要参考,这些研究成果和建议对未来国内建筑遗产保护发展具有重要的指导意义。

6.2 不足与思考

本研究谈到了葡萄牙作为一个独特的欧洲国家，具有丰富多彩的历史文化和独特的建筑文化，以及建筑遗产的复杂发展历程。然而，在对葡萄牙建筑遗产的发展历程进行研究时，本研究还存在不足之处。

（1）建筑遗产的保护技术、材料等方面未涉及太多，同时有些案例没有进行深入的实地调研，因此还需在未来工作中加强。在遗产保护工作中，保护建筑遗产需要采用合理的保护技术和材料。然而，在本书现有的建筑保护案例中，碍于篇幅所限，部分未涉及葡萄牙具体的保护技术和材料的研究。此外，在现有的建筑遗产保护案例中，有些案例可能存在深入实地调研不够的问题。对于建筑物的保护需要对建筑物的历史、结构、材料等进行全方位的认识，这些都需要通过长期的实地调研来完成。虽然本研究的作者已经短期访学过葡萄牙，同时还依托中葡联合实验室的合作平台收集各类信息，但仍然存在上述的这些问题。

（2）当代社会的变化非常迅速，历史和文化的语境也在发生着变化，这种变化使得遗产保护工作面临挑战。因此，我们也需要在新的挑战下重新思考遗产保护工作的策略和方法，从全球化的视角出发，思考如何在文化多样性的背景下保护遗产，并且促进不同文化之间的交流和互动。在研究葡萄牙当代遗产保护策略的过程中，需要将其放置在国际遗产保护思想发展的框架下进行探讨，以更好地理解该策略在后殖民批判和可持续发展方面深层次的内在因素。然而，本书在这一部分的内容上还存在不足，需要进一步完善。

（3）对葡语国家遗产未来的研究有待开展。葡萄牙殖民时期在亚洲、非洲、美洲等地留下了众多殖民遗产，随着时代的发展，这些建筑遗产在今天遇到了文化认同的问题，为了解决这些问题，葡萄牙通过建立葡语国家共同体的方式，促进遗产的文化交流和保护，在殖民遗产的保护方面取得了一些重要进展。因此，下一步的重点则是对于殖民遗产的保护发展历程进行深入研究。在这一部分，我们需要探究殖民遗产保护的现状和存在的问题，了解葡语国家共同体在文化交流和遗产保护方面取得的成果。同时，还需要从多个领域的角度来考虑问题，如建筑学、历史学、人类学等，以全面理解保护工作的复杂性。总之，殖民遗产保护是遗产保护领域的一个重要研究方向，未来需要深入探讨这一课题，完善葡萄牙建筑遗产保护的理论和实践。

参考文献

Adolfo, S. P. Existe o mundo que o português criou? [J]. *Terra Roxa e Outras Terras: Revista de Estudos Literários*, 2002,1: 24 – 31.

Anacleto, M. R. D. B. *Arquitectura Neomedieval Portuguesa: 1780 – 1924* [D]. Combra: FLUC, 1992.

Bailão, A. As técnicas de reintegração cromática na pintura: Revisão historiográfica [J]. *Ge-conservacion*, 2011,2: 45 – 65.

Baptista, M. M. Portuguese cultural identity: From colonialism to post-colonialism: Social memories, images and representations of identity [J]. *Comunicação e Sociedade*, 2013,24: 288 – 306.

Barranha, H. Património cultural: conceitos e critérios fundamentais [J]. *Revista de Comunicação e Cultura*, 2016,9(1):133.

Bento, M. J. T. D. *Convento de Cristo-1420/1521-Mais do que um Século* [D]. Coimbra: Faculdade de Letras da Universidade de Coimbra, 2016.

Bojanoski, S. D. F., Michelon, F. F. & Bevilacqua C. R. Os termos preservação, restauração, conservação e conservação preventiva de bens culturais: Uma abordagem terminológica [J]. *Calidoscópio*, 2017,15(3):443 – 454.

Brito-Henriques, E. Seeking the causes of urban ruination: An empirical research in four Portuguese cities [J]. *Geographia Polonica*, 2019,92(1): 17 – 35.

Cabecinhas, R. & Feijó, J. Collective memories of Portuguese colonial action in Africa: Representations of the colonial past among Mozambicans and Portuguese youths [J]. *International Journal of Conflict and Violence (IJCV)*, 2010,4(1): 28 – 44.

Cabecinhas, R. *Racismo e Etnicidade em Portugal: Uma Análise Psicossociológica da Homogeneização das Minorias* [D]. Minho: Universidade do Minho (Portugal), 2002.

Carmo, M. D. A. S. *Coleções Patrimoniais e Instituições da Memória em Portugal: Reflexão Sobre o seu Protagonismo na Construção do Conceito de Património Cultural (1974 – 2018)* [D]. Lisbon: Universidade Nova de Lisboa, 2019.

Cidre, E. M. A discursive narrative on planning for urban heritage conservation in contemporary world heritage cities in Portugal [J]. *European Spatial Research and Policy*, 2015, 22(2): 37 – 56.

Curto, D. R. & Bethencourt, F. *Portuguese Oceanic Expansion, 1400 – 1800* [M]. New York: Cambridge Univesity Press, 2007.

Custódio, J. M. R. "*Renascença*" *Artística e Práticas de Conservação e Restauro Arquitectónico em Portugal, durante a 1a República* [D]. Évora: Universidade de Évora, 2008.

Delgado, L. A. *Memória e Temporalidade na Reabilitação de Antigos Espaços Conventuais Reconversão do Convento de N. a Sra. da Encarnação em Lisboa num Equipamento Hoteleiro* [D]. Lisbon: Universidade de Lisboa (Portugal), 2017.

Diogo, P. & Pinto, T. The ephemerality between the scenographic and monumental architecture [J]. *International Journal of Engineering and Innovative Technology*, 2020, 10(4): 7 – 11.

Dynes, R. R. The Lisbon earthquake in 1755: The first modern disaster [J]. *Studies on Voltaire and the Eighteenth Century*, 2005(2): 34 – 49.

Fernandes, E. The cognitive methodology of the Porto School: Foundation and evolution to the present day [J]. *Athens Journal of Architecture*, 2015, 1(3): 187 – 206.

Fernandes, L., Almeida, R. F. D. & Loureiro, C. C. Entre o teatro romano e a Sé de Lisboa: Evolução urbanística e marcos arquitectónicos da antiguidade à reconstrução pombalina [J]. *Revista de História da Arte*, 2014, 11: 19 – 33.

Ferreira, T. C. Bridging planned conservation and community empowerment: Portuguese case studies [J]. *Journal of Cultural Heritage Management and*

Sustainable Development, 2018,8(2): 179 - 193.

Ferreira, V. D. P. Políticas públicas de património cultural em Portugal: Da gêneseá maioridade-uma análise a três programas e dezenove anos de intervenções [J]. *Revista Sociais e Humanas*, 2013,26(2): 274 - 290.

Ferrão, J. Relações entre mundo rural e mundo Urbano: Evolução histórica, situação actual e pistas para o futuro [J]. *EURE (Santiago)*, 2000,26(78): 123 - 130.

Fonseca, A M. Do carácternacional à expressão das diferenças individuais [J]. *Povos e Culturas*, 2009(13): 285 - 303.

Formas, V. R. R. *Os Municípios e a Salvaguarda do Património Cultural (1949 - 2015)* [D]. Lisbon: Universidade Nova de Lisboa, 2018.

Genin, S. The nave vault of the Hieronymites Monastery Church in Lisbon [J]. *Proceedings of Historical Constructions*, 2001(3): 293 - 302.

Gérard, P. V. Bertrand Jestaz, l'art de la renaissance [J]. *Bulletin Monumental*, 1986,144(2): 172 - 174.

Gholitabar, S., Alipour, H. & Costa, C. M. M. D. An empirical investigation of architectural heritage management implications for tourism: The case of Portugal [J]. *Sustainability*, 2018,10(1): 93.

Gomes, F. M. P. *Inquérito à Arquitectura Regional Portuguesa: Contributo Para o Entendimento das Causas do Problema da Casa Portuguesa* [D]. Coimbra: Universidade de Coimbra, 2019.

Gonçalves, A. Which urban plan for an urban heritage: An overview of recent Portuguese practice on integrated conservation [J]. *City & Time*, 2008,3(2): 67 - 79.

Gregório, H. I. S. *As Políticas de Proteção do Património Cultural no Portugal Democrático: O Caso da Região do Algarve* [D]. Algarve: Universidade do Algarve-Campus da Penha, 2021.

Guillouët, J. Le portail de Santa Maria da Vitória de Batalha (Portugal) ou l'arteuropéen à ses confins [J]. *Revue de l'Art*, 2010(168): 31 - 44.

Jenkins, B. & Sofos, S. A. *Nation and Identity in Contemporary Europe* [M]. Berlin: Taylor & Francis, 2003.

Leal, J. & Prista, M. Os arquitetos no campo: O inquérito à arquitetura popular em Portugal no terreno [J]. *Etnográfica. Revista do Centro em*

Rede de Investigação em Antropologia, 2021,25(1)): 257 - 283.

Leite, R. M. The Portuguese protestant communities and the Law of Separation: Expectations and contributions [J]. *Religião, Sociedade, Estado: 100 anos de Separação*, 2021,1(1): 323 - 332.

Lima, M. C. Neto, M. J. B. Duas catástrofes históricas: O Grande Incêndio de Londres e o Terramoto de Lisboa de 1755-efeitos no Património Artístico e atitudes de recuperação [J]. *Conservar Património*, 2017(25): 37 - 41.

Lima, M. C. *Conceitos e Atitudes de Intervenção Arquitetónica em Portugal (1755 - 1834)* [D]. Lisbon: Universidade de Lisboa, 2014.

Loureiro, S. M. C. & Sarmento, E. M. Place attachment and tourist engagement of major visitor attractions in Lisbon [J]. *Tourism and Hospitality Research*, 2019,19(3): 368 - 381.

Maia, M. H. From the Portuguese house to "popular architecture in Portugal": Notes on the construction of Portuguese architectural identity [J]. *National Identities*, 2012,14(3): 243 - 256.

Marado, C. A. & Correia, L. M. The setting of architectural heritage in Portugal [A]. The 2nd International Conference on Heritage and Sustainable Development, 2010.

Marlos, A. & Marlos, E. *El Patrimonio Cultural: Tradiciones, Educación y Turismo* [M]. Extremadura: Universidad de Extremadura, 2008.

Martin, J. M. I. Heritage and landscape in Spain and Portugal. Fromunique value to territorial integration [J]. *Boletin de La Asociacion de Geografos Espanoles*, 2016(71): 347 - 374.

Martins, P. A. G. *History, Nation and Politics: The Middle Ages in Modern Portugal* (1890 - 1947) [D]. Lisbon: Universidade Nova de Lisboa, 2016.

Masciotta, M., Roque, J. C. A., Ranos, L. F., et al. A multidisciplinary approach to assess the health state of heritage structures: The case study of the Church of Monastery of Jerónimos in Lisbon [J]. *Construction and Building Materials*, 2016,116: 169 - 187.

Mendes, T. M. T. *Política Cultural de Cidade. Um Estudo de Caso: A Cidade de Guimarães (1985 - 2015)* [D]. Lisbon: Universidade Nova de Kisboa, 2017.

Moura, S. C. The archival sources of the Batalha Monastery (Portugal): Unique collections for the study of the monument's restoration work in the 19th century [J]. *Anales de Historia del Arte*, 2022, 32: 255 – 288.

Mourão, J. F. Regeneração urbana integrada, proteção do património cultural e eficiência ambiental como objetivos divergentes nas políticas urbanas em Portugal (2000 – 2020) [J]. *Cidades. Comunidades e Territórios*, 2019(38): 78 – 95.

Neto, M. J. A canopy from the Portuguese Medieval Monastery of Batalha: A singular exemple of micro-architecture in the Cloisters Collection [J]. *ARTis ON*, 2019(9): 12.

Pereira S. P. G. C. *Contributos para a Salvaguarda e Proteção Sustentável do Património Palaciano em Portugal: O Caso da Quinta e Palácio das Águias, em Lisboa* [D]. Lisbon: Universidade Nova de Lisboa, 2021.

Ramos, L., Morais, M., Azenha, M., et al. Monitoring and preventive conservation of the historical and cultural heritage: The Heritage Care Project [J]. *Congresso de Reabilitaçao do Património (CREPAT)*, 2017(4): 180.

Remoaldo, P. C., Ribeiro, J. C., Vareiro, L., et al. Tourists' perceptions of world heritage destinations: The case of Guimarães (Portugal) [J]. *Tourism and Hospitality Research*, 2014, 14(4): 206 – 218.

Remoaldo, P., Vareiro, L., Ribeiro, J. C., et al. Tourists' motivation toward visiting a world heritage site: The case of Guimarães [J]. *Tourism and History World Heritage—Case Studies of Ibero-American Space*, 2017(2): 583.

Ribeiro, J. C. & Remoaldo, P. C. A. *Cultural Heritage and Tourism Development Policies: The Case of Portuguese UNESCO World Heritage City* [M]. Lisbon: Universidade Lusiada, 2011.

Riso, V. Modern Building Reuse: Documentation, Maintenance, Recovery and Renewal [Z]. Guimarães: Universidade do Minho. http://hdl.handle.net/1822/28957, 2011.

Rosas, L. The restoration of historic buildings between 1835 and 1929: The portuguese taste [J]. *E-Journal of Portuguese History*, 2005, 3(1): 15.

Rossa, W. *Fomos Condenados à Cidade: Uma Década de Estudos Sobre Património Urbanístico* [M]. Coimbra: Coimbra Imprensa da Universidade de Coimbra/Coimbra University Press, 2015.

Sampayo, M. *French Influence on Portuguese Architects in the Age of Enlightenment: IOP Conference Series: Materials Science and Engineering* [C]. London: IOP Publishing, 2017.

Santos, R. D. Diversité et unité du style manuélin [J]. *Comptes Rendus des Séances de l'Académie des Inscriptions et Belles-Lettres*, 1953, 97 (1): 38 - 39.

Silvério, S. A. D. *Arqueologia da Arquitetura-Contributo para o Estudo da Sé de Lisboa* [D]. Lisbon: FCSH, 2014.

Soromenho, M. & Vassalo, E. S. N. Salvaguarda do património-antecedentes históricos. Da Idade Média ao século XVIII [J]. *Dar Futuroaopassado*, 1993(5): 22 - 32.

Teixeira-Da-Silva, R. H. Apropriação territorial e o fenómeno da patrimonialização: O caso de Belém Lisboa [J]. *Revista de Turismo y Patrimonio Cultural*, 2019, 17(4): 747 - 757.

Trevisan, A. & Maia, M. H. Architecture et photographie d'architecture auxixesiècleau Portugal [J]. *Architectes et Photographes au XIXe Siècle*, 2016(1): 1 - 12.

Vareiro, L., Ribeiro, J. C., Remoaldo, P. C. A., et al. Residents' perception of the benefits of cultural tourism: The case of Guimarães [J]. *Institute Series*, 2011(23): 187 - 202.

Vieira, M. C. B. *História das Tipologias Arquitetónicas de Edifícios Correntes de Habitação, Construídos na Cidade de Lisboa Desde o Início do Século XVIII Até à Década de 1930* [D]. Lisbon: Universitário de Lisboa, 2019.

Vizeu, P. F. Centro histórico de Macau classificado como Património Mundial [J]. *Pedra e Cal*, 2005, 28: 17 - 19.

Zancheti, S. M. & Jokilehto, J. Values and urban conservation planning: Some reflections on principles and definitions [J]. *Journal of Architectural Conservation*, 1997, 3(1): 37 - 51.

蔡一鹏，尹培如. 波尔图学派传承与发展的脉络研究：从塔沃拉到德莫拉[J]. 华中建筑, 2012,30(8): 21-24.
陈曦, 陈亚珉, 徐粤. 城市更新背景下历史建筑的活化利用: 以苏州海红坊潘宅为例[J]. 中国名城, 2022,36(9): 64-72.
陈曦, 董凤华. 历史建筑活化利用融资及激励途径研究[J]. 中国名城, 2022,36(2): 19-25.
陈曦, 黄梅. 当代国际木质建成遗产保护理念发展动态研究[J]. 建筑师, 2022(1): 119-128.
刘爽. "七丘之城": 从里斯本、果阿到澳门: 跨文化视野下15—18世纪罗马"圣城"景观在欧亚大陆的复制与改写[J]. 美术研究, 2022(3): 48-57.
卢奕蓝. 诗意与现实之间: 波尔图学派的崛起与发展[J]. 建筑师, 2020(3): 65-71.

附　录

附录1：世界文化遗产在葡萄牙

阿尔科巴萨修道院（Monastery of Alcobaça）

基本信息：

遗产历史：阿尔科巴萨修道院的建立和葡萄牙君主政权的兴起密切相关。作为对1152年圣塔伦（Santarem）战役胜利的纪念，阿尔科巴萨被赠与西多会，修士们被允许在周边的领土上定居和工作。1153年，克莱尔沃（Clairvaux）的圣·伯纳德（St Bernard）去世，阿尔科巴萨修道院成为他的绝唱。

地理位置：莱里亚区，阿尔科巴萨

提名时间：1988年5月3日

评判标准：

标准（一）：凭借其宏伟的规模，清晰的建筑风格，精美的使用材料和精心的建造，阿尔科巴萨的西多会修道院是西多会哥特艺术的杰出代表作。它见证了圣·伯纳德时期在勃艮第地区发展起来的美学风格的传播，也见证了西多会组织早期思想特征——禁欲主义的理想，就像1981年被列入世界遗产名录的法国丰奈特修道院（Fontenay）一样。

标准（二）：阿尔科巴萨修道院是拥有独特的液压系统和建筑功能基础设施的、西多会建筑的杰出范例。18世纪建造的厨房给建于中世纪修道院建筑群（回廊和洗礼室、会客厅、客厅、访客宿舍、修道士宿舍和餐厅）附加了新价值。

保护管理要求：

阿尔科巴萨修道院于1907年1月17日被列为国家纪念物。2009年6月15日颁布的第140号法令确立了关于文化遗产研究、项目、报告、工程或干预的法律框架。法令认为有必要事先进行系统评估和监测，以避免任何可能影响遗产完整性损毁和物理特征或真实性丢失的工程。在文化遗产的修复工作中使用任何技术、方法和资源之前，都需要由合格的工作人员进行适当和严格的规划，以确保保护原则的实现。同样，根据2009年10月23日颁布的第309号法令，缓冲区被视为受严格限制以保护和提升文化遗产的特殊保护区。该古迹管理的主要目标之一是保留列入世界遗产名录所必备的属性，并确保整个建筑的真实性和完整性。阿尔科巴萨修道院目前的管理由负责文化遗产的国家文化遗产总局（DGPC）来执行。该部门负责保护、开发和修复该古迹，同时制定年度计划以确保该古迹得到良好的保护和管理。所有已经进行或计划的改造都需要符合现行法规，并遵循严格的技术和科学标准，特别是要注重修复和改造周围环境的处理。这些工作目前都已委托给当地组织，包括市政当局和当地社区等机构来负责。

埃尔瓦斯的驻军边境城镇及其防御工事
(Garrison Border Town of Elvas and Its Fortifications)

基本信息:

遗产历史:埃尔瓦斯城堡的历史可以追溯到桑乔二世国王(Sancho Ⅱ)统治时期,建筑主要为穆斯林建筑风格,如今仍保存着两道完好的城墙。从17世纪到19世纪,这个遗址进行了大规模的加固,成为全球最大的带有防护墙的干沟系统。城墙内建有兵营、军事建筑、教堂和修道院。虽然埃尔瓦斯的历史可以追溯到公元10世纪,但其防御工程始于1640年葡萄牙重新获得独立时期。设计该防御工程的荷兰耶稣会教士科斯曼德(Cosmander)来自荷兰防御工事学派。此外,该遗址还包括阿莫雷拉渠水道(Amoreira Aqueduct),这是为了使据点能够抵抗长时间的围攻而建造的。

地理位置:波塔莱格雷,阿连特茹区

提名时间:2012年6月30日

评判标准:

埃尔瓦斯的驻军城镇及其干沟堡垒防御系统是杰出典范,其城墙和干沟防御系统是为应对17世纪欧洲权力纷争所发展起来的。埃尔瓦斯体现了16世纪和17世纪欧洲国家维护其自治和领土完整的普遍愿望。

保护管理要求:

埃尔瓦斯防御工事及其周边地区的保护法律和现行保护措施覆盖了周边综合保护区的整个范围,并明确限制私人利益经营的条款,以保护现有文化遗产和自然资产的完整性。这些保护措施由国家规定,基于对公共利益遗产属性的认可,并规定利益相关方的一系列义务,限制其所有权。对遗产的干预涉及文化遗产和自然资产两个类别,管理机构包括建筑和考古遗产管理研究所(IGESPAR)和埃尔瓦斯理事会(CEC)。在一些特定的地方发展规划中,如旅游业,外部机构如阿连特茹协调和区域发展委员会(CCRDA)和葡萄牙旅游局(TP)也参与土地管理进程。

管理计划的目标、策略和组织遵循建筑遗产理论和实践中广泛接受的“综合保护”原则和《实施世界遗产公约的操作指南》。埃尔瓦斯防御工事综合管理计划(IMPFE)中提出的“综合保护”概念适当且综合地应用于当今社会以及城市和区域规划中的遗产保护原则。埃尔瓦斯防御工事综合管理计划中的三个重点是:(1)有选择且示范性地修复建成遗产埃尔瓦斯防御工事,以保护其完整性并提高其潜在功能;(2)适应性地改造其周边环境和基础设施,特别是内部区域,以加强遗产综合体的一致性和连续性,并促进其和谐、平衡地融入城市化进程;(3)保护遗产的“无形”文化,重点是组织机构的协作,私人利益相关方的参与,教育、科学和文化举措的实施以及信息传播。

埃武拉历史中心(Historic Centre of Évora)

基本信息:

遗产历史:埃武拉历史中心是葡萄牙阿连特茹省(Alentejo Province)的首府,是伊比利亚半岛古老商路和货物运输路线的交汇点。自古以来,埃武拉对葡萄牙的政治和社会发展具有重要意义,它作为城市中心已有两千年历史。虽然埃武拉市内的古罗马市政系统已经消失,但许多道路和城市网格仍然保留,古城内还保留着壮丽的戴安娜神庙遗址(the Temple of Diana)。中世纪时期,埃武拉在葡萄牙王国中崭露头角,并建造了新的城垣,城市开始扩张到第二道城墙的边界,并建造了埃武拉大教堂,这座纪念物被认为是葡萄牙第一座哥特风格建筑。1556 年,埃武拉大学的建立增加了该城的文化价值。在文艺复兴时期,整个城市的建筑和景观都显示了大都市的风格。尽管人口的急剧增长,导致在城市的西部、南部和东部建立了新的住宅区,但这座博物馆式的城市仍然保留了 17 世纪时根据法国工程师尼古拉斯·德·朗格尔(Nicolas de Langres)的规划所建造的沃邦式城墙(Vauban-style)的所有传统魅力,而北部的农村景象几乎没有发生任何变化。

地理位置:阿连特茹省

提名时间:1985 年 2 月 26 日

评判标准:

标准(一):埃武拉的城市景观有助于理解葡萄牙建筑风格对巴伊亚州萨尔多瓦(1985 年列入世界遗产名录)等巴西一些地区的影响。

标准(二):埃武拉是里斯本遭受 1755 年地震毁坏后葡萄牙黄金时代城市的典范。

保护管理要求:

埃武拉市历史中心的行政管理部门负责监管文化遗产保护与提升计划的实施,同时监测其有效性。其年度工作预算主要来自市政府,但也有其他财源,比如阿连特茹地区文化局和文化遗产总局。主要保护埃武拉历史中心的法律是 2001 年 9 月 8 日颁布的第 107 号法律,该法律建立了文化遗产保护和开发政策和规范系统的基础。为确保该法律的实施,2009 年 6 月 15 日颁布的第 140 号法令确立了涉及文化遗产研究、项目、报告、工程或干预的法律框架。法令要求进行预先的系统评估和监测,以避免任何可能影响遗产完整性、物理特征或真实性的行为。在文化遗产修复工作中使用的任何技术、方法和资源都需要由合格的工作人员进行适当和严格的规划,以确保原则的实施。2001 年 9 月 8 日颁布的第 107 号法律第 15 条第 7 款规定:"世界遗产名录中认定的不可移动文化遗产在任何情况下都适用国家利益遗产的保护要求,并且适用于其他类别的保护要求。"同样,根据 2009 年 10 月 23 日颁布的第 309 号法令,缓冲区被视为受严格限制以保护和提升文化遗产的特殊保护区。埃武拉市政府正在与国家政府合作,研究修改缓冲区的属性,以确保更好地保护文化遗产的真实性和完整性。

巴塔利亚修道院(Monastery of Batalha)

基本信息:

遗产历史:巴塔利亚市多米尼加修道院是为了履行若昂国王的誓言而建造的,以纪念1385年战胜卡斯蒂利亚人(Castillians),它是哥特艺术风格的杰作。大多数建筑群可以追溯到若昂一世统治时期,当时建造了修道院的教堂(于1416年完工)、皇家回廊、礼拜会堂和创立者的墓葬礼拜堂。巴塔利亚修道院最后一个建设高潮时期是曼努埃尔一世(建造了纪念性的前庭和主入口,修复了皇家回廊)和若昂三世(建造了门口上方的凉廊)的统治时期。作为一座纪念物,巴塔利亚修道院从建立之初就具有象征意义,带有哥特和文艺复兴时期葡萄牙民族艺术的最典型特征,具体表现在:巨大的教堂中殿,两层高的立面,宽阔的拱廊和高侧窗户体现了14世纪末哥特建筑风格;皇家回廊拱廊窗饰的镂空纹样展现了曼努埃尔巴洛克风格。

地理位置:巴塔利亚,靠近莱里亚市

提名时间:1982年12月20日

评判标准:

标准(一):多米尼加的巴塔利亚修道院是哥特艺术的绝对杰作之一。

标准(二):两个多世纪以来,巴塔利亚修道院是葡萄牙君主的一个重要建设工程,体现了哥特和文艺复兴时期葡萄牙民族艺术的最典型特征。

保护管理要求:

巴塔利亚修道院于1907年1月17日发表的第14号政府公报中被列为国家纪念物。主要保护巴塔利亚修道院的法律是2001年9月8日颁布的第107号法律,该法律建立了文化遗产保护和开发政策和规范系统的基础。为确保该法律的实施,2009年6月15日颁布的第140号法令确立了涉及文化遗产研究、项目、报告、工程或干预的法律框架。法令要求进行预先的系统评估和监测,以避免任何可能影响遗产完整性、物理特征或真实性的行为。在文化遗产修复工作中使用的任何技术、方法和资源都需要由合格的工作人员进行适当和严格的规划，以确保保护原则的实施。此外，管理政策还关注到建成环境的保护、与市政府建立伙伴关系及保持开放对话，以减少因为过度利用修道院周围地区所产生的负面影响。同样，根据2009年10月23日颁布的第309号法令，缓冲区被视为受严格限制以保护和提升文化遗产的特殊保护区。在涉及当地社区的工作计划中保护整个纪念性建筑群的真实性和完整性是关键的管理目标。管理政策还考虑到联合国教科文组织在1990年发布的《状态评估报告》中的建议，即采取保护措施以解决铅制品变形和彩色玻璃窗的破损问题。所有已实施或拟定的干预措施都符合现行法规，以及严格的技术和科学标准。特别关注遗产周围地区的保护和更新工作，这些工作将由市政府和当地社区组织来完成。该文化遗产的管理由文化遗产总局的下属服务机构负责，文化遗产总局提出遗产的保护和提升具体措施，并负责制订年度计划并实施，以确保文物的未来。此外，还建立了一个阐释中心，今天游客可以访问更多的区域，可以更好、更全面地了解世界遗产知识。

波尔图历史中心、路易斯一世桥和皮拉尔修道院
(Historic Centre of Oporto, Luiz I Bridge and Monastery of Serra do Pilar)

基本信息:

遗产历史:波尔图城坐落在杜罗河河口的山丘上,形成了独特的城市景观。历史中心拥有罗马时代、中世纪、文艺复兴时期、巴洛克和新古典主义时期等不同历史时期的民用和宗教建筑,呈现多元文化的价值。作为人类创造的杰出作品,波尔图的历史中心是军事、商业、农业和人口资源的结集地,具有高度的审美价值。它是数代人连续贡献的集体作品,波尔图的历史中心生动地反映了人类和自然环境的协调互动。复杂的地貌为历史中心增添了独特的风景特色,而该镇的道路和河流相得益彰,这一点也体现在其城市设计的和谐统一性上。波尔图的历史中心代表了社会和地理环境之间成功的互动。该城提供了宝贵的城市设计经验,各个时期的规划和非计划的干预都集中在这个地区,使我们有机会研究从中世纪到工业革命时期的西欧和地中海城市的城镇设计和特征。中世纪时期适应地形的狭窄蜿蜒的街道、文艺复兴时期的笔直道路和小广场、通向巴洛克古迹的道路,以及在公共土地上分割和堆叠的新建筑,共同构成了复杂的城市肌理。

地理位置:北部地区

提名时间:1995 年 10 月 23 日

评判标准:

波尔图的历史中心、路易斯一世桥和塞拉多皮拉尔修道院及其城市结构和许多历史建筑都是这个欧洲城市过去一千年来发展的显著见证,它的开放特征是由文化和商业联系所形成的。

保护管理要求:

波尔图历史中心的保护是由市议会负责的。波尔图市议会第 116/84 号法令提出 1982 年设立波尔图历史中心的城市更新项目,并由市议会承担里贝拉和巴雷多地区城市更新委员会(CRUARB)的工作。其中里贝拉和巴雷多地区城市更新委员会的工作是基于以下前提的:

- 现有的遗产和城市结构必须得到维护。
- 波尔图的文化遗产应被视为不仅包括更古老和更有纪念意义的结构,还包括美学价值较低的小型建筑,其价值在于它们对整个城市结构的贡献。
- 新的和现代的建筑将不会被排除在外,但就其对现有城镇景观的影响而言,将受到严格的审查。
- 必须保持历史中心的多功能性,以保持其真实性及与环境的关系。
- 将使用所有可用的技术资源,并根据案例情况采用不同的方法,从简单的恢复到重建。
- 现有居民是更新过程中的完全合作伙伴,必须融入所有项目。
- 涉及拆除或在空地上施工的重大项目只有在基于功能要求的情况下才会被批准。

城市更新委员会在波尔图历史中心管理计划的基础上开展工作,旨在复兴历史中心与更大的都市区重新连接,改善居民生活条件,并控制各种类型的干预,包括外墙粉刷和底层空间使用。这需要详细的建筑调查和清单,以及科学考古挖掘等关键资料的统筹。值得强调的是,该计划的目的是以不影响历史中心氛围为前提,使其成为更好的居住区。此外,现有居民也是更新过程中的完全合作伙伴,需要融入所有项目。

国际古迹遗址理事会专家团建议扩大南侧的缓冲区,以包括杜罗河对岸的港口酒厂,从而保护从历史中心向这个方向看去的景观。

布拉加仁慈耶稣山朝圣所
(Sanctuary of Bom Jesus do Monte in Braga)

基本信息:

遗产历史:葡萄牙西北部城市布拉加的高山圣地仁慈耶稣朝圣所是一个经过600多年的重建和扩建的建筑和景观复合体。主要是一条长而复杂的基督受难之路,沿着埃斯皮尼奥山坡延伸,引导朝圣者穿过小礼拜堂,沿途可以欣赏到描绘基督受难的雕塑、喷泉和花园。周围密集的树林形成了一个风景优美的公园,包括自然形状的湖泊、人工洞穴以及各种不同功能的建筑和构筑物。圣山朝圣所的建筑和景观复合体是欧洲圣山项目的一部分,占地约30公顷,这一概念最初由天主教的理事会在16世纪提倡,以应对新教改革,随后在欧洲和其他地方实施。布拉加的朝圣所圣地是欧洲圣山中规模最大、形式最为复杂、独具巴洛克风格和壮观的宗教叙事能力的景观。尤其是与山融为一体的大型楼梯,体现了每个建造时期的设计构想和审美偏好,并达到了和谐统一。朝圣所圣地是人类建造才能全面而复杂的展示。

地理位置:布拉加

提名时间:2017年1月31日

评判标准:

布拉加山仁慈耶稣朝圣所是圣山的一个特殊例子,其纪念性一方面表现了基督受难的完整和详尽的叙述,在人类历史上具有重要意义。另一方面再现了罗马天主教的文化特征,如庆祝活动的外部化、社区感、戏剧性和象征永久和不竭的旅程生活。

保护管理要求:

关于圣山朝圣所的保护机制在国家和地方层面上由文化遗产总局与北方文化区域局(DRCN)协调制定,并建立了健全的法律框架。2017年5月10日颁布的第68/2017号法令建议扩大朝圣所的面积,覆盖整座圣山与缆车,将其重新分类为国家纪念物。自那以后,所有与国家纪念物保护有关的法规均适用于此地。文化遗产保护的相关工具适用于国家和地方/市政级别。国家立法保障为申请世界文化遗产及其缓冲区域所需要的条件。其中,主要保护圣山朝圣所的法律是2001年9月8日颁布的第107号法律,该法律建立了文化遗产保护和开发政策和规范系统的基础。为确保该法律的实施,2009年6月15日颁布的第140号法令确立了涉及文化遗产研究、项目、报告、工程或干预的法律框架。法令要求进行预先的系统评估和监测,以避免任何可能影响遗产完整性、物理特征或真实性的行为。在文化遗产修复工作中使用的任何技术、方法和资源都需要由合格的工作人员进行适当和严格的规划,以确保原则的实施。另一方面,2009年10月23日颁布的第309/2009号法令定义了文化遗产登记的流程、保护区域制度以及制订详细计划以保护这些场所的规则。根据最近修订的市总规划行动,布拉加市议会在地方层面上制定了明确的规则,适用于圣山朝圣所和缓冲区域。此外,国家和地方立法还确保了对文化遗产核心区和缓冲区的保护要求,以保证突出普遍价值的持久保存。这样的保护措施旨在保护物质和非物质遗产,确保它们能够持久传承。此外,在保护缓冲区域方面,监管机构将根据所需采取一系列措施,以确保保护行动的全面性和高效性。

吉马良斯历史中心(Historic Centre of Guimarães)

基本信息:

遗产历史:位于葡萄牙北部布拉加区的吉马良斯历史中心,被认为是葡萄牙民族的摇篮。吉马良斯的历史与葡萄牙的民族身份和语言的创造密切相关。1139 年,唐·阿方索·亨里克斯伯爵(Dom Afonso Henriques)宣布葡萄牙从莱昂教区独立,并以阿方索一世的名字作为新王国的第一个国王,吉马良斯的修道院也被改造成皇家学院。吉马良斯历史中心是一个集合体,是城市发展的见证,它汇集了著名的建筑实例。由于整体风貌的统一性,它的建造系统(传统技术)、建筑特点(类型的多样性说明了城市在不同时期的演变)以及它与景观环境的融合代表了这个城市杰出的普遍价值。拟列入名录的区域是一个源于中世纪的城市结构,包括一系列具有重要类型价值的地区,这些地区的建筑(主要是 17 世纪的)虽然代表了各种类型,但都采用了传统建造技术,即半木构造(colombage)和木骨泥墙结构(pisé de fasquio)。传统建造方法的真实性和完整性仍然在这个城市存活。在吉马良斯使用的传统技术来自经验和口口相传,将过去的东西传到现在,保证了知识和手工技能的连续性。吉马良斯历史中心的真实性和强烈的视觉冲击力得益于市政技术办公室(GTL)实施的统一保护政策。城市保护的政策是基于促进恢复和更新公共空间,保护和维护现有的以传统技术建造的历史建筑,这使得吉马良斯成为全国城镇的典范。

地理位置:米尼奥省,布拉加区

提名时间:2000 年 6 月 27 日

评判标准:

标准(一):吉马良斯具有相当广泛的普遍意义,因为中世纪发明的专门建造技术被传播到非洲和新世界的葡萄牙殖民地,成为它们的特点。

标准(二):吉马良斯的早期历史与 12 世纪葡萄牙民族身份和葡萄牙语言的建立密切相关。

标准(三):作为一个保存特别好的城市,吉马良斯说明了从中世纪的定居点到今天的城市，特别是15—19世纪的特殊建筑类型的演变。

保护管理要求：

历史中心的公共区域是吉马良斯市的财产，除了一些国家利益遗产之外，大部分建筑都是私有的。吉马良斯的历史中心受到关于保护历史建筑的法律规定的约束，包括9月8日颁布的第107/2001号法律、5月16日颁布的第120/97号法令和1月26日颁布的第3/98号法令，以及关于城市规划的法律规定，包括1951年8月7日颁布的第38/382号法令、11月20日颁布的第445/91号法令和10月15日颁布的第250/94号法令。其中，主要保护吉马良斯历史中心的法律是2001年9月8日颁布的第107号法律，该法律建立了文化遗产保护和开发政策和规范系统的基础。为确保该法律的实施，2009年6月15日颁布的第140号法令确立了涉及文化遗产研究、项目、报告、工程或干预的法律框架。法令要求进行预先的系统评估和监测，以避免任何可能影响遗产完整性、物理特征或真实性的行为。在文化遗产修复工作中使用的任何技术、方法和资源都需要由合格的工作人员进行适当和严格的规划，以确保保护原则的实施。

根据《葡萄牙文化遗产保护法》，历史中心有14座历史建筑作为国家纪念物（8座）或具有公共利益的历史建筑（6座）受到法律保护。在没有建立保护区的地方，还规定了保护建成环境的范围，最多可以从建筑向外延伸50米。在对该世界遗产的考察中，国际古迹遗址理事会的专家注意到，缓冲区的部分区域仍然在保护区域之外。虽然有保护历史核心区的规范，但还没有为缓冲区制定规范。历史中心的管理是由1985年成立的市历史中心地方技术办公室（GTL）负责。因此，市政府已经采取措施纠正这种情况，将保护范围扩大到建议列入的整个区域，并为缓冲区制定必要的规范。

科英布拉-阿尔塔和索菲亚大学
(University of Coimbra-Alta and Sofia)

基本信息:

遗产历史:科英布拉大学-阿尔塔和索菲亚坐落于俯瞰城市的山上,有7个多世纪的发展和演变历史,形成一片独特的大学城区域。该大学是由国王丹尼斯一世(Dinis I)于1290年在里斯本发起成立的,是13世纪末期欧洲仅有的15所著名大学之一。后来经历了一段时间的迁移和变化,最终于1537年由约翰三世(João III)转移到科英布拉,并得到圣十字修道院的大力支持。科英布拉大学最初只有一个学院,随后联合了一系列的学院,包括耶稣学院,后来成为一个大学体系,还分别在16世纪和18世纪建立了位于阿尔塔区和索菲亚区的两个历史校区。该大学的思想、教学和文化演变的主要标志是16世纪和17世纪的建筑,包括阿尔卡索瓦皇宫(Royal Palace of Alcáçova)、圣·迈克尔教堂(St Michael's Chapel)、琼恩图书馆(Joanine Library)和其他学院,它们至今还在庄严地矗立,见证着历史的沧桑变迁。18世纪的设施,包括实验室、植物园和大学出版社,以及20世纪40年代创建的大型"大学城",进一步拓展了该大学的影响和地位。在葡萄牙和西班牙建立的第一个世界规模的帝国时期以及大航海时期,它的文化和科学影响力是巨大的,为人类文化和科学进步做出了重要贡献。如今,科英布拉大学依然是世界著名的高等学府,吸引着来自世界各地的杰出教师和学生。

地理位置:科英布拉

提名时间:2013年

评判标准:

标准(一):科英布拉-阿尔塔和索菲亚大学在7个世纪的时间里影响了前葡萄牙帝国的教育机构。它接受并传播了艺术、科学、法律、建筑、城市规划和景观设计等领域的知识。科英布拉大学在葡萄牙语世界的大学体制和建筑设计的演变中起到了决定性的作用,可以说是这方面的一个源点。

标准(二):科英布拉-阿尔塔和索菲亚大学呈现出一种特殊的城市类型,展现了一个城市和它的大学之间非常精密的融合。在科英布拉,城市和建筑语言反映了大学的机构功能,从而显示了这两个元素之间的密切互动。这一特点在葡萄牙后来的几所大学中也得到了重新诠释。

标准(三):科英布拉-阿尔塔和索菲亚大学通过其规范和体制结构的传播,在葡萄牙语世界学术机构的形成中发挥了独特的作用。它从一开始就作为葡萄牙语文学创作和思想的重要中心脱颖而出,并在葡萄牙海外殖民地中按照自己的模式传播了特定的学术文化。

保护管理要求:

2001 年 9 月 8 日颁布的第 107 号法律对科英布拉大学进行了规定,该法律建立了文化遗产保护与开发政策和规范系统的基础。为确保该法律的实施,2009 年 6 月 15 日颁布的第 140 号法令确立了涉及文化遗产研究、项目、报告、工程或干预的法律框架。法令要求进行预先的系统评估和监测,以避免任何可能影响遗产完整性、物理特征或真实性的行为。在文化遗产修复工作中使用的任何技术、方法和资源都需要由合格的工作人员进行适当和严格的规划,以确保保护原则的实施。

在被选为体现世界遗产特殊价值的 31 座建筑中,有 9 座建筑是国家纪念物(部分或全部),并因此受到法令保护,周围有保护区域。还有 7 座被指定为公共利益遗产,因此由负责国家文化遗产的国家机构负责。其余 15 座建筑位于原建筑的保护区或特别保护区内,或位于其他分类建筑或正在分类的建筑内,也由国家负责。根据葡萄牙提供的补充资料,缓冲区已被纳入经修订的科英布拉市总体规划的特别保护区所完全覆盖,并根据第 309/2009 号法令第 72 条进行保护。

国际古迹遗址理事会认为,阿尔塔校区总体上得到了很好的保护,迄今为止所开展的工作都得到了充分的记录和记载。在索非亚校区,市政府将原艺术学院/宗教裁判所成功改建成为视觉艺术中心。圣母玛利亚学院目前正由大学进行保护和修复,改建为一个研究中心。详细的阿尔塔大学总体规划正在制定之中。其主要目标是通过减少地面停车,通过改善交通来提高该地区的公共空间品质。

马夫拉皇家建筑——宫殿、大教堂、修道院、花园和狩猎公园(Royal Building of Mafra—Palace, Basilica, Convent, Cerco Garden and Hunting Park)

基本信息:

遗产历史:马夫拉皇家建筑群是由国王若昂五世(João V)在18世纪初构想的,旨在作为他君主政体和国家的代表。整个建筑群呈现出宏伟的四边形,包括国王和王后的宫殿,罗马式巴洛克风格的巴西利卡皇家礼拜堂(Roman Baroque Basilica),以及能容纳300名修士的方济会修道院(Franciscan Monastery),并设有医务室和药房。修道院内还保留有葡萄牙国王36 000册珍贵藏书的图书馆。整个宫殿还配套了塞尔科花园(Cerco)和塔帕达皇家狩猎公园(Tapada),其中塞尔科花园是一个经过正式设计的花园,而塔帕达皇家狩猎公园则为宫殿的日常经营提供各种资源。在19世纪末和20世纪初,马夫拉建筑群成为卡洛斯一世国王(Carlos Ⅰ)狩猎的特别场所。场地内保留着四个托雷斯防线(Lines of Torres,葡萄牙在拿破仑战争期间对法军的防御布置)的堡垒,其中一个已经修复,即琼卡尔堡垒(Fort of Juncal),它将这个空间与被称为拿破仑战争的欧洲冲突联系在一起。

地理位置:里斯本

提名时间:2019年

评判标准:

马夫拉皇家建筑反映了国王若昂五世时期绝对权力的具体化,巩固了葡萄牙帝国和国家主权的战略,肯定了王朝的合法性,更接近国际权威的来源(即罗马教廷),与西班牙王室保持距离。这说明葡萄牙帝国的国际渊源和君主的伟大是这个建筑审美选择的出发点,因此呈现出罗马巴洛克建筑的影响。这个纪念物的其他特点使这个皇家住宅区成为欧洲最重要的住宅区之一,不仅考虑到它的规模和建筑的准确性,而且还考虑到一些综合的作品,如大教堂的卡隆琴和风琴(在世界范围内具有特殊意义的音乐组合)。狩猎公园是大规模景观创作的一个例子,它形成了一个与宫殿和修道院紧密相连的领土管理单元。

保护管理要求：

根据 1907 年和 1910 年颁布的法令，马夫拉皇家宫殿被列为国家纪念物。主要保护马夫拉建筑群的法律是 2001 年 9 月 8 日颁布的第 107 号法律，该法律建立了文化遗产保护和开发政策和规范系统的基础。为确保该法律的实施，2009 年 6 月 15 日颁布的第 140 号法令确立了涉及文化遗产研究、项目、报告、工程或干预的法律框架。法令要求进行预先的系统评估和监测，以避免任何可能影响遗产完整性、物理特征或真实性的行为。在文化遗产修复工作中使用的任何技术、方法和资源都需要由合格的工作人员进行适当和严格的规划，以确保保护原则的实施。

此外，还发布一项严格的管理政策，它重视环境解决方案，与合作伙伴保持开放和建设性的对话，包括与委员会的对话，以减轻可能由不当使用建筑周围环境而产生的负面影响，正如 2009 年 10 月 23 日颁布的第 309 号法令所规定的那样，该法令对文化遗产的周围环境保护和规划做出了限制。文化遗产总局的任务是监督保护的实施，确保管理、保存、保护和修复受保护的文化遗产在葡萄牙得到基金会的关注。马法皇家宫殿作为博物馆，也受到博物馆框架法案 47/2004 的保护。同样，马夫拉皇家建筑群也受到了 2013 年颁布的法令号 151-B 的保护，在 2014 年获得了有关修订、环境影响评估和林业管理计划的备案。2019 年，主要负责机构之间签署了一项合作协议，并创立了合作单位：文化遗产总局、武器学校（Escola das Armas-EA）、马夫拉皇家建筑群、马夫拉市和圣安德烈教区。

文化遗产总局设立了一个建筑遗产信息系统，记录了建筑的基本状况、需求和以前的状况。自 20 世纪 90 年代以来，为了防止雨水下渗对露台造成侵害，一些维修工程正在进行之中。政府文物部门已针对建筑物的不同部分进行多项保护及维修工程，开支相当可观。在军事地区也进行了维修工作。塞尔科花园有一个维护计划，该计划旨在对花园内的植被和建筑进行长期而频繁的监测和维修活动。

皮克岛葡萄园文化景观
(Landscape of the Pico Island Vineyard Culture)

基本信息:

遗产历史:皮克是亚速尔群岛的一座火山岛,位于葡萄牙西部大西洋约 1 500 千米处。该岛的北部和西部边缘保存着一种独特的景观,即长线性石墙从岩石海岸向内陆延伸并平行于海岸线。这些石墙包围着数千个小而连续的地块,其中大部分以直线模式建造,严格的管理制度用于种植葡萄藤,尤其是位于马达莱纳(Criação Velha)村庄的南部地区,在这里他们通过大面积种植葡萄藤保存着许多完好的地块,以维持当地的经济活力。

地理位置:亚速尔群岛自治区,皮克岛

提名时间:2004 年 6 月 1 日

评判标准:

标准(一):皮克岛的景观反映了自 15 世纪第一批定居者到达该岛以来在这个火山小岛上对酿酒业的独特反应。

标准(二):由石墙围成的小块田地的非凡之美见证了几代农民的工作,他们在恶劣的环境中设法创造了可持续的生活条件和高质量的葡萄酒。

保护管理要求:

亚速尔群岛自治区政府负责几乎所有影响该地区的决策,包括履行各种国际义务。为了复兴葡萄酒产业,政府于 1980 年成立了皮科维尔德洛葡萄园(Verdelho of Pico),并于 1988 年和 1994 年通过了保护葡萄酒生产标准的法律。1986 年,该地区被法令列为受保护的景观,禁止在拉吉多地区(Lajido)内进行机械农耕作业,并保护当地的传统建筑。该法规于 2003 年被修订,并获得拨款进行改善。1994 年,地方环境局成立了皮科岛葡萄园市政利益保护景观指导和咨询委员会。2002 年颁布的第 10 号《区域法》规定,这些地区分为四个级别的保护,包括受到严格保护的两个网状葡萄园区以确保高品质葡萄酒的生产。受保护的景观区域还包括缓冲区和其他区域,这些区域受到其他保护政策的覆盖。1993年编制的“保护计划”作为1994年立法的基础，详细介绍了受保护的景观。近年来，区域秘书处实施了一项行动计划（“现代化计划”），旨在协调葡萄种植者和负责环境、道路、港口、水和公共土地、废物处理、建筑、文化、旅游、许可和资金的机构的活动。根据规划控制层次细分，核心区和缓冲区属于第五类保护区。在世界遗产地区禁止任何新建筑和使用机械设备，但在拉吉多的村庄里人们仍然可以正常生活。管理是在区域、岛屿、市政和受保护的景观层面开展的。由区域环境秘书（部长）任命的管理委员会负责受保护景观，包括指定区域。

最近，地区政府制定了一项管理计划，并于2003年10月正式获得地方政府批准。该计划的目的是通过重建废墟、复兴废弃的葡萄园、逐步增加传统栽培葡萄园等措施，纠正“不和谐”的建筑特征，保护该景观的独特酿酒传统，并确保它能够延续下去。该管理计划将该景观视为一个活的生产景观，通过努力确保复杂的田地模式及其相关的构筑物和房屋的存在，以维护传统文化和自然遗产。这个计划旨在“启动一个积极和综合的动态规划和管理过程，以保护自然和文化遗产以及遗址的自我可持续性”。该计划还包括未来5年的战略和详细的行动计划，其中包括建立详细的数据库、建立一个阐释中心以及对已建成的葡萄园遗产进行研究和培训。

里斯本热罗尼姆斯修道院和贝伦塔
(Monastery of the Hieronymites and Tower of Belém in Lisbon)

基本信息:

遗产历史:热罗尼姆斯修道院是葡萄牙16世纪建筑的杰作,被列为国家纪念物,随后被列入联合国教科文组织的世界遗产名录。该修道院位于里斯本港口,始建于1502年,是葡萄牙曼努埃尔式建筑艺术的典型代表。贝伦塔位于其附近,是为了纪念伟大的葡萄牙探险家瓦斯科·达·伽马(Vasco da Gama)的航海探险而建造的,提醒着人们其航海发现为葡萄牙的发展奠定了基础。修道院采用了丰富的装饰,其中典型的曼努埃尔风格成为其特色之一。回廊内有两层拱形画廊,采用了华丽的扇形窗饰,装饰着意大利风格的图案烛台、古董叶饰带、纪念章等。在内部,贝伦教堂包括三个高度相等的中殿,拱顶的骨架落在柱墩上,所有柱墩上都有雕塑。豪华的哥特式植物纹与文艺复兴时期的装饰元素混合在一起,令人印象深刻。

地理位置:里斯本

提名时间:1982年12月20日

评判标准:

标准(一):热罗尼姆斯修道院和贝伦塔是15世纪和16世纪文明和文化的特殊见证。它们反映了葡萄牙人在巩固其在洲际贸易路线上的努力和活动时的力量、知识和勇气。

标准(二):贝伦建筑群与大航海的黄金时代以及葡萄牙人在15世纪和16世纪与不同文化之间建立联系、对话和交流方面发挥的先驱作用直接相关。

保护管理要求:

热罗尼姆斯修道院和贝伦塔是一项国家利益遗产,根据1907年1月17日第14号官方公报公布的法令被列为国家纪念物。为了确保热罗尼姆斯修道院和贝伦塔得到有效的保护,政府颁布了2001年9月8日第107号法律,该法律建立了文化遗产保护与开发政策和规范系统的基础。为确保该法律的实施,2009年6月15日颁布的第140号法令确立了涉及文化遗产研究、项目、报告、工程或干预的法律框架。法令要求进行预先的系统评估和监测,以避免任何可能影响遗产完整性、物理特征或真实性的行为。在文化遗产修复工作中使用的任何技术、方法和资源都需要由合格的工作人员进行适当和严格的规划,以确保保护原则的实施。

根据2009年10月23日颁布的第309号法令,缓冲区被视为受严格限制以保护和提升文化遗产的特殊保护区。管理方式的主要目标是通过实施与当地社区参与的工作计划来维护遗产的真实性和完整性。所有已经或将要进行的干预都遵守现行法规及严格的技术和科学标准。特别要注意周围地区的处理和整修,因为这些工作由当地组织承担,同时也涉及市政府和当地社区。财产的管理由国家文化遗产总局地方分局负责,该局是负责文化遗产的国家管理部门。该机构负责建筑遗产的保护、开发和救援措施,制定并实施每年计划以确保遗迹得到定期维护。为这两座纪念物创建了一个统一的保护区,并扩大了缓冲区,这是保护财产完整性的关键措施。同时,为了从海上观察到这个建筑群,重要的视觉通道也需要得到密切关注和额外的保护,以确保其完整性。

托马尔基督修道院(Convent of Christ in Tomar)

基本信息:

遗产历史:托马尔的城市景观位于葡萄牙中部,该城市的西部地区由基督修道院巨大的纪念性建筑群所主导,它位于山顶之上且被托马尔城堡的城墙所环绕。该修道院最早属于圣殿骑士团,由圣殿骑士团的大师库尔迪姆·帕斯(Cualdim Paes)于1160年创立。由于经历了5个世纪,基督修道院是结合罗马风、哥特、曼努埃尔、文艺复兴、手法主义和巴洛克元素的建筑见证。托马尔基督修道院的核心是其12世纪的圆形大厅,即圣殿骑士堂,受到耶路撒冷圣墓圆形大厅的影响,北面和东面采用了优雅的哥特尖券。16世纪下半叶,迭戈·德·托拉尔瓦(Diego de Torralva)进行了对修道院的改造工程。

地理位置:托马尔

提名时间:1982年12月20日

评判标准:

标准(一):早期的圣殿骑士教堂和文艺复兴时期的建筑代表了人类创造性天才的杰作。

标准(二):托马尔的基督修道院最初被认为是葡萄牙重新征服的象征性纪念物,从曼努埃尔时期开始,象征着葡萄牙向外部文明开放。

保护管理要求:

基于法案107号,基督修道院于1907年1月17日被定为国家纪念物。而主要对基督修道院进行保护的法律是2001年9月8日颁布的第107号法律,该法律建立了文化遗产保护和开发政策和规范系统的基础。为确保该法律的实施,2009年6月15日颁布的第140号法令确立了涉及文化遗产研究、项目、报告、工程或干预的法律框架。法令要求进行预先的系统评估和监测,以避免任何可能影响遗产完整性、物理特征或真实性的行为。在文化遗产修复工作中使用的任何技术、方法和资源都需要由合格的工作人员进行适当和严格的规划,以确保保护原则的实施。根据2009年10月23日颁布的第309号法令,缓冲区被视为受严格限制以保护和提升文化遗产的特殊保护区。另外,根据联合国教科文组织在1990年的保护状况报告中的建议,为避免雨水对外墙的侵蚀,修复屋顶也被纳入了管理计划之中。所有实施或计划中的干预都遵守现行法规以及严格的科学和技术标准。此外,特别关注修复和重建建筑周围环境,这些工程由当地组织联合市政当局和社区居民实施。托马尔基督修道院建筑群目前主要由葡萄牙文化遗产总局的下属部门来管理和保护,这些部门负责制订和实施年度计划,旨在确保纪念物的修复、维护和提升。

辛特拉的文化景观(Cultural Landscape of Sintra)

基本信息:

遗产历史:从远处或鸟瞰的视角来看,辛特拉的文化景观是一个与周围环境截然不同的自然景观:一条连绵不断的花岗岩山脉,从里斯本和海岸之间的丘陵乡村景观中拔地而起。19世纪,葡萄牙的辛特拉成为欧洲浪漫主义建筑的焦点:斐迪南二世(Ferdinand Ⅱ)在这里将一座修道院废墟改造成了一座城堡,设计上使用哥特、埃及、伊斯兰和文艺复兴等多种风格的杂糅,并设计了一个结合当地和外来物种的公园。其中城堡最重要的特色之一是瓷砖面(azulejos,带装饰和釉面的赤陶土砖),这是伊比利亚半岛(Iberian Peninsula)上穆达迦(Mudéjar)技术的最佳范例。同时建筑内部还包含彩绘和瓷砖装饰以及穆达迦和曼努埃尔风格等其他风格特征。从文化景观的角度来看,这三类世界遗产在不同区域均有体现:

(1)别墅群及其附属的花园和公园经过景观设计后符合所谓的"人为设计和创造且有明确定义的景观"。

(2)这种景观是在一个持续进化过程中形成的,并由艰苦的修复和保护加以维持,辛特拉的历史中心也是这个景观的一部分。

(3)辛特拉山北部有大片的伞松、墨西哥柏树、澳大利亚洋槐和桉树,其下覆盖着考古遗迹的山峰和花岗岩岩石堆,还有古老的修道院和隐居地组成的景观,整个区域特别壮丽。

地理位置:里斯本

提名时间:1995年6月1日

评判标准:

标准(一):在19世纪,辛特拉成为欧洲浪漫主义建筑的第一个中心,使用了哥特、埃及、伊斯兰和文艺复兴等复合元素。斐迪南二世由此发展出地中海地区独一无二的浪漫主义。

标准(二):该景观是欧洲浪漫主义的典范,因为在塞拉的北部山坡上仍然保留着不同文化的痕迹,以及相关动植物。

标准(三):整体形成了一个不断演变的有机景观,且被精心修复和保护着。这种公园和花园的独特组合将景观变成了一个处处充满惊喜的世界，并影响了整个欧洲景观设计的发展。

保护管理要求：

辛特拉的文化景观指定区域内的古迹和遗址所有权分散在政府机构（尤其是葡萄牙建筑遗产研究所）、辛特拉市政府、罗马天主教会、私人基金会和个人之手。佩纳公园（Parque de Pena）和蒙特塞拉特公园（Parque de Monserrate）目前隶属于自然环境保护研究所、环境工作总秘书处和环境自然资源部门。森林资源由辛特拉林业局以及农业、渔业和食品部门负责。根据1910年6月16日的法令，辛特拉文化景观区内的一些建筑被指定为国家纪念物，其中包括皇家宫殿（Palace of Seteais）、佩纳宫（Palace of Pena）、摩尔人城堡（Moorish Castle）和圣玛丽亚教堂（Palace of Sintra），其他建筑则被指定为公共利益遗产。目前，这四个组织已经制订了相应的管理和保护计划，其中辛特拉市政府已制订修复和保护该镇历史中心的计划，并通过其文化和历史中心更新部门管理基础设施工程建设和保护。

亚速尔群岛安格拉-杜希罗伊斯莫市的中心区
(Central Zone of the Town of Angra do Heroismo in the Azores)

基本信息:

遗产历史:安格拉-杜希罗伊斯莫市坐落于亚速尔群岛特塞拉岛上,依托其得天独厚的地理和气候条件,成为岛上相对较为安全的一个码头。该城市在欧洲、美洲和东亚航线之间具备战略重要性,因此自15—19世纪以来,它成为东印度群岛和西印度群岛舰队的重要停靠点。同时,为了构筑坚固的防御工事,圣塞巴斯蒂安(São Sebastião)和圣菲利佩(São Filipe)两个堡垒应运而生。从16世纪开始,安格拉城市成为非洲、印度和巴西海上航线的必经之地。该城采用文艺复兴式城市规划结构,随着城市的不断扩张,城内建造了众多宏伟的建筑作品,如圣塞巴斯蒂安堡、圣菲利普堡、大教堂(the Cathedral)、怜悯教堂(the Parish Church)、总督宫(the Palace of the Captains-Generals)等。作为海上探险走廊上的重要节点,安格拉城保存了众多不可比拟的艺术遗产,包括建筑、雕塑、雕刻、瓷器、砖瓦和家具,这些遗产的异国风情和珍贵的外来材料彰显了它们的价值。此外,港口至今仍保留着众多17—19世纪的民用建筑,能看到对巴西殖民建筑的影响。

地理位置:亚速尔群岛自治区

提名时间:1982年3月18日

评判标准:

标准(一):安格拉的城市港口位于大西洋中部,是来自非洲和印度群岛的船队的必经之港,在大航海的航线内,是与海洋世界相联系的一个杰出的例子。

标准(二):与贝伦塔和热罗尼姆斯修道院一样,英雄港与具有普遍历史意义的事件切实相关:海上探索使伟大的文明之间得以交流。

保护管理要求:

亚速尔群岛的安格拉市中心大部分的土地都属于私人所有。其中主要负责保护该遗产的是2001年9月8日颁布的107/2001法令,这项法律为文化遗产的保护和开发制定了政策和规范系统,为守护这些遗产奠定了坚实的基础。为确保该法律的实施,2009 年 6 月 15 日颁布的第 140 号法令确立了涉及文化遗产研究、项目、报告、工程或干预的法律框架。法令要求进行预先的系统评估和监测,以避免任何可能影响遗产完整性、物理特征或真实性的行为。在文化遗产修复工作中使用的任何技术、方法和资源都需要由合格的工作人员进行适当和严格的规划,以确保保护原则的实施。

此外,根据 2004 年 4 月 6 日颁布的地区立法法规号码 5/2004/A,英雄港安格拉城享有"国家纪念物/特别保护区"地位。此规定要求所有规划工具必须提交给安格拉城保护和开发详细计划,并由市政府管理。通过该计划工具,每座建筑都在相关当局的直接监督下得以保护。同时,依照 2004 年 8 月 24 日颁布的地区立法法规号码 29/2004/A,该城市还获得了地区性纪念物的身份认证。其中,为了保持和增强安格拉城遗产的价值,管理方面需要更加灵活,允许在该城建筑中引入现代化功能,以便每一代人都可以留下自己的痕迹。此外,为了保护该城的世界级价值,当地管理者必须尽可能地消除或减少所有发展和环境压力,包括自然灾害,以防止它们带来负面影响。

附录2：葡萄牙1721年至今遗产保护机构的发展

机构	全称	所属部门	相关法规	创建年份	结束年份	责任领域	工作内容
	若昂五世		1721年8月《若昂五世宪章》				为保护古代遗迹提供经费，这些遗迹可能有助于说明和证明同一历史的真实性。
	葡萄牙皇家历史学院	若昂五世	1720年12月8日的公告	1720	1776	历史档案文献	
	葡萄牙皇家建筑师和考古学家协会			1863			识别可被列为国家遗产的建筑。
	国家古迹委员会	公共工程、商业和工业部		1882		国家纪念物	
	国家纪念物高级理事会	公共工程、商业和工业部		1897		国家纪念物	对国家纪念物分类和保护。
	国家建筑和纪念物管理总局	公共工程、商业和工业部	1898年12月9日的法令	1898		建筑遗产	对国家纪念物进行分类。
DGEMN	国家建筑和纪念物总局	公共工程、商业和工业部	16.791号法令	1929	2007	国家纪念物	确保分类建筑的规划、研究、设计、执行和装修，以保护和振兴文化遗产。
	艺术总局	公共教育部		1930	1985	艺术学	
	国家教育委员会	教育部	1936年4月11日号法律	1936	1977	教育与教学	研究与风格形成、教学和文化有关的所有问题。
	文化事务总局	教育部		1971	1990	文化	
	文化遗产处	教育部	82/73号法令	1973		文化遗产	

续表

机构	全称	所属部门	相关法规	创建年份	结束年份	责任领域	工作内容
DGPC	文化遗产总局	教育部	409/75号法令	1975		文化遗产	
ISPCN	保护文化和自然遗产研究所	文化遗产总局	1977年6月20号法令	1977		文化自然遗产	
IPPC	葡萄牙文化遗产研究所	文化部	59/80号法令	1980	1992	文化遗产	对构成国家文化遗产要素的物品进行登录、分类、保护和保障。
							支持和鼓励创建和运作致力于保护和加强文化遗产的机构。
							制定保护和丰富国家书目和文献遗产的准则。
							组织和促进博物馆、图书馆和档案馆的收购计划。
IPM	葡萄牙博物馆协会	文化部	278/91号法令	1991	2012	博物馆	为国家的博物馆政策做出贡献。
							建立并监督标准的遵守情况，确保具有不可否认的文化价值的物品保存、保护和修复。
							确保对保存和修复领域的技术人员进行培训。
							在出售不可移动遗产时行使优先权。
							对葡萄牙作家的艺术作品的临时或永久出口进行登记并给出建议。
							对文化物品的创建、运作和收购计划给出建议，管理葡萄牙博物馆协会的遗产使用情况。

续表

机构	全称	所属部门	相关法规	创建年份	结束年份	责任领域	工作内容
IPPAR	葡萄牙建筑和考古遗产研究所	文化部	106F/92号法令	1992	2006	建筑和考古遗产	对不可移动的文化遗产进行登录、分类和解密，并为其确定和建立特殊的保护区域，以及随后的保护和提高。 对考古可移动的文化遗产进行清点、分类；在分类过程中保护不可移动的遗产。 管理机构保管的不可移动和可移动的遗产。 授权、监督、监测和暂停考古工作；保护考古遗址和考古站，建立和保护考古保护地。
IPA	葡萄牙考古学研究所	文化部	117/97号法令	1997	2006	考古学遗产	
IGESPAR	建筑和考古遗产管理研究所	文化部	215/2006号法令	2006	2012	建筑和考古遗产	对具有国家利益和公共利益的、与建筑和考古有关的不可移动文化遗产进行分类和清点，并建立各自的特殊保护区域。 与地区文化局一起制订计划和项目，以实施对已分类建筑或正在分类的建筑进行保护、恢复、修复和提高的工程和干预措施。 与地区局一起确保对分配给它的建筑和考古文化遗产进行管理；提供各自业务领域的文化遗产清单，并确保遗产分类登记和文化遗产的遗产清单登记。

续表

机构	全称	所属部门	相关法规	创建年份	结束年份	责任领域	工作内容
							对将在已分类或即将分类的建筑、其各自的保护区域,特别是在纪念物、建筑群和遗址中实施的公共或私人倡议的计划、项目、工程和干预措施提出意见。
							遵守《基础法》和《保护和加强文化遗产制度》以及其他补充立法的规定。
IMC	博物馆和保护研究所	文化部	97/2007号法令	2007	2011	博物馆、不可移动的遗产、非物质遗产	在博物馆的保护与修复,以及流动文化遗产和非物质遗产领域制定和实施国家文化政策。
							加强葡萄牙博物馆研究、保存、保护、传播。
							加强葡萄牙博物馆网络宣传。
DGPC	文化遗产总局	文化事务国务秘书	115/2012号法令	2012		文化遗产	确保国家不可移动、可移动和非物质文化遗产的管理、保护和修复。
							对不可移动遗产进行分类,并建立各自的特殊保护区域。
							与地区文化局一起制订计划与项目,对国家分类或正在分类的不可移动遗产实施保存、修复工程和干预措施;执行国家指定建筑或正在指定的建筑的保护、恢复、修复工程及干预措施。

续表

机构	全称	所属部门	相关法规	创建年份	结束年份	责任领域	工作内容
							根据法律规定,参与文化影响评估程序和领土管理文书的编制,确保对文化产品贸易的监测,管理有关博物馆、可移动和综合文化遗产以及保护和修复工作的信息系统。
							保存、处理和更新有关的文献档案和图书馆,通过教育和培训活动,促进对保护和加强文化遗产的认识和良好做法的传播。
							遵守关于保护和加强文化遗产的政策和制度的基本法、葡萄牙博物馆法和其他补充立法的规则。
DRC	北部、中部、阿连特茹和阿尔加维地区文化局	文化事务国务秘书	114/2014号法令	2012		文化遗产	为获取文化产品创造条件。
							监督由文化领域的服务和机构资助的艺术生产活动。
							监督与保护、加强和传播不可移动、可移动和非物质文化遗产有关的行动。
							支持博物馆并确保其管理。
							支持非专业性质的地方或地区文化倡议向文化遗产总局提出研究和保护建筑和考古遗产的干预计划。
							管理分配给它的古迹、建筑群和遗址,确保公众参与这些遗产的保护。